北方种鹅生产技术

主 编

刘国君

副主编

张宏伟　周永福

编著者

赵秀华　李满雨　周景明　牛　辉
王守志　王晓楠　李同豹　许珊珊

金盾出版社

内 容 提 要

本书由黑龙江省农业科学院畜牧研究所研究员刘国君编著,内容包括:养鹅业发展概述,鹅的生理及生物学特性,鹅的优良品种,鹅的育种技术及良种繁育体系,鹅的营养与饲料,种鹅的繁殖与人工孵化技术,种鹅饲养管理技术,鹅羽绒生产,种鹅场建设,种鹅的疾病防治等。近年来我国养鹅业以"北养南销"、"北繁南养"及"南北结合"的特点快速发展。本书对我国北方种鹅养殖技术做了系统、详细的阐述,指导性强,适合养鹅场(户)技术人员和基层技术推广人员阅读参考。

图书在版编目(CIP)数据

北方种鹅生产技术/刘国君编著. --北京:金盾出版社,2013.7
ISBN 978-7-5082-8128-5

Ⅰ.①北… Ⅱ.①刘… Ⅲ.①鹅—饲养管理 Ⅳ.①S835

中国版本图书馆 CIP 数据核字(2013)第 034102 号

金盾出版社出版、总发行

北京太平路 5 号(地铁万寿路站往南)
邮政编码:100036 电话:68214039 83219215
传真:68276683 网址:www.jdcbs.cn
封面印刷:北京凌奇印刷有限责任公司
正文印刷:北京军迪印刷有限责任公司
装订:兴浩装订厂
各地新华书店经销
开本:850×1168 1/32 印张:6.5 字数:154 千字
2013 年 7 月第 1 版第 1 次印刷
印数:1～7 000 册 定价:13.00 元
(凡购买金盾出版社的图书,如有缺页、
倒页、脱页者,本社发行部负责调换)

前　言

　　我国是世界鹅品种资源最丰富的国家,也是养鹅数量最多的国家。我国地域广阔,江河、湖泊众多,饲草饲料资源和劳动力资源丰富,气候温和,非常适合发展养鹅业。多年来,我国鹅肉和鹅羽绒产量一直居世界首位。尤其是步入 21 世纪以来,我国养鹅业取得了巨大的成就,在鹅的品种培育和杂交利用、种蛋孵化、饲养管理技术、活拔羽绒等方面,均进行了大量的探索和实践,积累了许多有益的经验。随着我国畜牧业生产结构的调整,目前我国养鹅业正在向规模化、集约化、产业化方向发展。

　　我国幅员辽阔,经、纬度跨越较大,导致南北方自然环境、资源条件差异较大,因此南、北方鹅的饲养方式和饲料资源有很大的不同,在养殖技术方面有着较大差异。近年来,由于区域经济的快速发展和产业结构的逐步调整及运输业的发展,养鹅业从南方到中原再到北方迅速发展,"北养南销"、"北繁南养"及"南北结合"的态势逐步显现,山东、河北、吉林、黑龙江、辽宁等省份鹅的养殖量稳步增长,产业贡献率逐年提升。

　　但是,在北方养鹅业快速发展的同时,良种利用率不高、种鹅生产技术缺乏、疫病防控体系不健全等问题又在一定程度上影响和制约着当地养鹅业的健康发展。为此，笔者结合近年的养鹅生产经验，在广泛阅读和学习国内外养鹅最新技术和经验的基础上，编写本书，以飨读者。

本书简明而系统地介绍了北方种鹅生产的各个方面的知识与技术，包括国内外养鹅业现状、鹅的优良品种、鹅的育种技术及良种繁育体系、鹅的营养与饲料、种鹅的繁殖与人工孵化技术、种鹅生产、鹅活拔羽绒生产、种鹅场建设和种鹅疾病防治等共十章，具有较强的区域性和实用性，可供北方广大养鹅场（户）和广大技术人员参考。

由于编者水平所限，本书可能有疏漏和不足之处，敬请广大读者和专家予以批评指正！

编著者

目 录

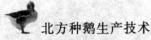

第一章 概 述

一、我国养鹅现状

(一)我国是世界养鹅大国,同时也是鹅产品需求大国

1. 我国是世界养鹅大国 据联合国粮农组织(FAO)统计,中国1992年养鹅数为1.86亿只,2001年达到4.56亿只,2002年为5.4亿只,2003年为5.78亿只。四川省年出栏超过1亿只;江苏省和安徽省超过8 000万只;年出栏3 000万～5 000万只的有吉林、黑龙江、江西和广东省。20年以前,珠江三角洲和长江三角洲养鹅发达。近几年资源丰富的东北三省迅速崛起。2001年,中国、法国和匈牙利3国鹅出栏为4.74亿只,占世界总数的94.19%,其中我国占世界总量的90.65%。所以,我国是世界当之无愧的养鹅大国。

2. 我国是鹅肉需求大国,国内市场供不应求 据不完全调查,近几年全国年出栏商品鹅6亿只左右,需求缺口至少有40%以上。例如,广东省和江苏省年至少需求1亿只,上海市每年需要2 000万只,香港每年也需要300万～400万只。吉林省年出栏5 000万只商品鹅,从规模屠宰开始到结束,大约2个月左右,几乎是边宰边售完。近年来由于人们生活水平提高和崇尚绿色食品的发展,鹅肉的需求量增长速度较快,带动了北方养鹅业的大发展,形成了北养南销的格局。吃鹅的习惯也由南向北扩展,鹅的各种加工产品在东北各地的餐馆已成为新宠。在肉类市场消费份额中,鹅肉已从10年前的1%上升至4%,目前仍呈上升趋势,在短

期内不会出现供大于求。

3. 鹅羽绒国内国际市场均紧俏　我国年产鹅羽绒 3.0 万吨，其中 2/3 以原料或制品出口，1/3 内销，也就是大约有 1.0 万吨内销。假定这 1.0 万吨都加工成羽绒服，可制成 3 300 万件，这对于有 13 亿人口的中国来说，实在是个小数字。前几年，每只全鹅毛收购价为 7～8 元，2004 年达到每只 14～17 元；另外优级鹅绒，国际市场售价为 100 美元/千克。这些情况说明，无论是国内市场还是国际市场，鹅羽绒都很紧俏。

4. 鹅肥肝市场在国内刚刚启动，需求量上升较快　鹅肥肝是世界三大美味佳肴，在欧洲市场一直供不应求。受世界美食潮的影响，国内的富裕阶层也开始兴起吃鹅肥肝。据市场调查，一些大中城市的四星级以上的宾馆多有鹅肥肝这道佳肴，但许多无货。因目前国内生产总量不足 200 吨，又不能达到全年均衡生产，所以一些宾馆多从国外进口。国内的鹅肥肝生产无论是数量还是质量距法国和匈牙利等国相差较大。

(二)全国各地都在大力发展养鹅

经济发展较慢的地区将养鹅作为农民脱贫致富的首选项目。因养鹅投资少、周期短、市场大、效益好，经济发展较慢的省(市)都将其作为解决三农问题的首选项目来抓，如内蒙古、安徽、吉林、黑龙江等省、自治区。

经济发展较快地区也将养鹅作为解决三农问题的重点项目来实施，如江苏、浙江、山东等省。

(三)落后的生产方式与世界鹅生产大国、需求大国极不相称

1. 靠天养鹅、传统养鹅、千家万户散养仍占主导地位　目前我国养鹅业中的主体是个体养殖户，在饲养量上已占据了绝对的地位，他们绝大多数人的文化水平较低，甚至没有文化。在开始养鹅

前没有受过系统的培训,不知道对不同生长阶段的鹅怎样进行饲养管理。受传统观念的影响,在鹅生长发育最关键时期,不喂饲精料或给粒料过少,造成生长发育不良,出栏体重轻,可食部分胸、腿肉占的比例较少。除了种鹅场外,规模化鹅场数量较少,没有科学饲养程序,千家万户散养、散放造成出栏商品鹅的鹅龄和体重参差不齐,给加工产品的质量保证及无公害食品生产带来了较大难度。

2. 饲养设施和饲养条件落后 目前国内从事养鹅的95％为农户,除了种地外,他们大部分没有其他收入的渠道,或缺乏从事其他行业所需要的资金,想通过养鹅来致富,所以在开始时随意选择鹅场场址、修建简陋的鹅舍等。由于养鹅生产的大环境条件得不到满足,造成舍内的小环境条件恶劣,不仅严重影响着鹅的生产性能的发挥,还使鹅经常发病,死亡率高,经济损失较大。

有些地方采用传统的开放式养鹅,使鹅在舍外长期风吹露宿,遭受着昼夜及日常环境变化的较大压力,鹅必须通过大量的营养消耗来保证在环境变化中的恒定体温,一旦环境变化剧烈,鹅不能适应时,就会发病。另外传统观点认为,必须结合水才能进行养鹅。当然在保证良好水质的条件下,有水则有利于鹅生产性能的发挥。但长期在静止的或小面积水中进行水陆结合饲养,由于鹅长期向水中排粪,水质受污染,大量致病细菌繁殖,使鹅容易发病。特别是当公鹅与母鹅在水面交配,水中有害微生物极易侵入公鹅生殖器,继而感染母鹅的生殖道,严重影响着鹅的健康和繁殖性能的发挥。

3. 季节养鹅仍占主导地位,鹅的发病率仍然较高 受多方面影响,珠江三角洲和长江三角洲地区以早春及秋末养鹅为主,北方以春夏养鹅为主,都未能形成常年均衡生产。南、北方的季节养鹅方式,限制了扩大产量,导致鹅产品市场目前缺口仍较大。

由于鹅抗病力较强,人们对鹅病的研究较少;饲养规模较小时,发病率较低,饲养规模较大时,发病率急剧上升;旧的疾病没有得到有效控制,又出现新的疫病。例如,小鹅瘟到目前仍然发病率较高,又出现了禽流感、鹅副黏病毒病,导致死亡率较高,严重影响养鹅的经济效益。

4. 无标准可依 我国目前没有一套成熟的生产技术操作规程可循,没有一个规范的生产标准和产品标准可依,造成各地生产方式各异,产品质量各异,成为产品出口、参与国外市场竞争的重要障碍。

(四)政府缺乏对市场和生产的宏观调控政策

1. 缺乏对市场和生产的宏观调控政策 我国实行市场经济体制后,尤其是畜产品市场放开,畜禽生产一般均由饲养者根据市场需求来自我决策。由于目前影响市场的因素太多,所以在一家一户生产方式下,养鹅户没有能力来研究、分析市场。这在发达国家完全是由政府和行业协会承担的职能,在我国却落到了养鹅户身上。由于我国建立的行业协会也是由政府操办的,因而政府就必须承担对市场和生产的宏观调控职能。任意的、自发的发展只能是浪费资源,加剧市场压力,也不利于鹅业生产稳定发展。

2. 缺乏对市场价格的管理和调控力度 虽然鹅的价格是由供求关系决定,由市场来调节,但我国的畜产品市场仍处在发育阶段,还没有完全成熟,一个没有完全成熟的市场,加上养殖户的素质不高,就造成了市场价格的波动性大,有时一天一个价,一个月一个价,没搞清价格变化规律,养鹅户有时盲目无措。虽然政府中有多个部门与市场有联系,但到底由哪个部门来管理和监督市场价格的变化不明确,实际上政府缺乏对市场应有的管理和调控力度。

二、国外养鹅现状

(一)鹅的分布

1992年以来世界鹅肉产量的增长速度,基本上反映了养鹅业的发展趋势。1992—1996年期间鹅肉产量的增长速度较快,平均年增长18.52%,而1997—2002年间年均增长3.13%,估计在今后相当长一段时间内,世界鹅肉产量的年增长速度将保持在2%~3%。

据FAO统计:亚洲是鹅分布最多的地区,1992年亚洲鹅的出栏数为1.92亿只,占世界总数的82%,2002年出栏数达到4.88亿只,占世界鹅总数的93.28%。1992年以来,发展中国家鹅的出栏数一直远远高于发达国家和最不发达国家,2002年发达国家鹅的出栏数只有0.22亿只,而发展中国家为5.01亿只,是发达国家的22.77倍。鹅分布的不均衡性还表现在国家间的差异很大,中国、匈牙利和埃及3国2002年鹅出栏数为5.04亿只,占世界总数的96.36%。

(二)世界鹅肉进出口情况

1990—1996年世界鹅肉进口数持续增加,至1996年达到最高峰(55 694吨),1996年发达国家鹅肉进口量占世界总量的98.23%。1996年以后,一些发展中国家和低收入、食物短缺国家鹅肉进口数量持续增加,2001年时发展中国家鹅肉进口量占世界总量的27.65%,而发达国家所占的份额下降至72.35%。2001年进口鹅肉前5位的国家是德国(25 167吨)、中国大陆(12 298吨)、奥地利(3 892吨)、法国(2 771吨)和瑞士(1 385吨)。

据FAO统计,1990年鹅肉出口量为2 633吨,到2000年达到最高(48 131 吨),是 1990 年的 18.28 倍。鹅肉出口数量最多的是欧洲发达国家,其增长速度很快,1990 年欧洲出口量只有 645 吨,到 1999 年达 26 080 吨,是 1990 年的 40.43 倍,2001 年是 1990 年的 37.73 倍,占世界总量的 64.79%;其次是亚洲,2000 年总出口量为 24 481 吨,占世界总量的 50.85%,而 2001 年只占世界总量的 35.16%。2001 年鹅肉出口前三位的国家是匈牙利(20 564吨)、中国(12 985 吨)、奥地利(2 202 吨)。

(三)鹅肥肝的进出口情况

1999 年前世界鹅肝出口一直表现出快速增长的势头,据 FAO 统计,1990 年鹅肝出口量为 3 116 吨,到 1999 年达到 13 201吨,是 1990 年的 4.24 倍。荷兰 1999 年鹅肥肝出口量居世界第一位(9 878 吨)。2001 年鹅肝出口数量最多的是发达国家,出口前 5位的国家是匈牙利(1 799 吨)、奥地利(663 吨)、泰国(494 吨)、比利时(236 吨)和以色列(187 吨)。亚洲总出口量为 688 吨,占世界总量的 19.23%。

1990 年世界鹅肝的进口量为 4 137 吨,2000 年达到 4 157 吨,表明世界鹅肝的进口总量变化不大。2001 年世界鹅肝进口量最多的是欧洲,占世界总量的 71.71%,其次是亚洲,占世界总量的 20.54%。进口鹅肝前 5 位的国家是法国(861 吨)、奥地利(689吨)、日本(380 吨)、美国(246 吨)和瑞士(188 吨)。

三、发展养鹅业的意义

养鹅业之所以受到世界各国的重视,是由鹅自身的经济价值决定的。

(一)鹅肉、鹅肥肝、鹅油和鹅蛋的营养价值

1. 鹅肉 鹅肉营养丰富,肉质鲜嫩。鹅肉粗蛋白质含量为22.3%,鸡肉为20.6%,鸭肉为21.4%,牛肉为18.7%,羊肉为16.7%,猪肉为14.8%;鹅肉脂肪含量为3.3%～7.3%,含不饱和脂肪酸高,熔点低,消化率高;鹅肉含灰分为0.89%～0.98%;鹅肉中一些氨基酸的含量高于肉仔鸡,其中的赖氨酸高30%,组氨酸高70%,丙氨酸高30%;100克鹅肉含热量最高,为602千焦,鸡肉为519千焦,鸭肉为569千焦。

"鹅肉味甘平,有补阴益气之功,暖胃开津,缓解铅中毒之能"(摘自本草纲目);最近《环球时报》膳食版介绍:"最佳肉食是鹅、鸭肉"。现在的营养学家更将鹅与鲸鱼肉一起推崇为人类的保健食品。

2. 鹅肥肝 鹅肥肝质地细嫩,口味鲜美,营养丰富,被誉为"世界三大美食之一"的高档营养食品。鹅肥肝中脂肪含量高达60%,其中不饱和脂肪酸含量为65%～68%,容易消化吸收。鹅肥肝中含有益人体健康、长寿的卵磷脂,其含量比正常肝高出4倍以上;酶的活性高3倍;脱氧核糖核酸和核糖核酸的含量高1倍。长期食用鹅肥肝,可促进人体的正常生长发育,滋补身体,增强智力,提高工作效率。2001年世界著名的诺贝尔奖宴会上,最后上的一道主菜是把鹅肥肝放在鹌鹑肚子里。

3. 鹅油 鹅油中所含的必需脂肪酸接近植物油,而且熔点低(26℃～34℃),易于人体吸收,且价格低于其他油类。中国农业科学院报道:"橄榄油胆固醇含量为零,而鹅油的化学结构和橄榄油相近,有利于人们心脑血管健康"。

4. 鹅蛋 据分析,鹅蛋的可食部分占85.8%～90%,蛋白质含量为12.3%～13.1%,脂肪含量14%～16%。鹅蛋的蛋白质中,含8种人体必需氨基酸,含量都比鸡蛋和鸭蛋高(表1-1)。

表 1-1　　无壳的鸡蛋、鸭蛋、鹅蛋营养成分比较表　（％）

营养成分	鸡　蛋	鸭　蛋	鹅　蛋	以鸡蛋为 100％，鹅蛋占的百分比
水　分	73.2	71.8	70.6	96.45
粗蛋白质	12.7	12.5	14.8	116.54
缬氨酸	0.866	0.853	1.070	123.56
亮氨酸	1.175	1.175	1.332	113.36
异亮氨酸	0.639	0.571	0.706	110.49
苏氨酸	0.664	0.801	0.871	150.00
苯丙氨酸	0.204	0.211	0.234	114.71
蛋氨酸	0.443	0.595	0.625	144.34
赖氨酸	0.715	0.704	1.072	149.93

用鹅蛋制作的松花蛋，腌制的鹅蛋风味独特。

（二）鹅血、鹅胆和鹅掌的药用价值

1. 鹅血　鹅血中含蛋白质较高，食之能增强人体免疫力；血中含有超氧化物歧化酶（SOD），具有抗衰老、养颜保健的作用。《本草纲目》中记载："鹅血气味咸平，微毒，中蛇蜒毒者饮之，并涂其身，可解药毒"。用鹅血治噎膈及胃癌则最早见于清代康熙年间的《张氏医通》一书。在以后的许多医书和文艺小说中也有记载，如在《本经逢源》一书中说："鹅血能涌吐胃中淤结，开血膈，吐逆，食不得入，趁热恣饮，即能吐出病根，以血引血，同气相求之验也"。近代著名中医张梦依先生也认为，鹅血确实具有解毒、消坚、免疫之功能，更具有很强的抗癌作用。浙江医科大学免疫教研组通过动物试验分析，认为鹅血中可能含有某种抗癌因子，这种抗癌因子不被人体消化系统中的酸、碱、酶所破坏。新中国成立以来，经多年临床证明,用鹅血治疗恶性肿瘤确实是一种有效方法。上海于1980年经国家卫生部批准正式批量生产鹅全血抗癌药片,由于数量少,仅上海几家大药店出售,该药对治疗食管癌、胃癌、肺癌、鼻咽癌等多种恶性肿瘤有效率达65%。对各种原因引起的白细胞减少症,治疗率为62.8%。

2. 鹅胆 鹅胆含有鹅去氧胆酸,是治疗结石药物的原料。据前德意志联邦共和国《慕尼黑医学周刊》报道,75名患有胆囊结石的病人,用鹅去氧胆酸治疗1年后,治愈率40%。随后分析指出,直径超过2厘米的结石,用鹅去氧胆酸剂量是每天每千克体重13毫克以上,可获较好效果,治愈率提高至68%。除此之外鹅胆可提炼抗菌药物,能清热解毒,消痔疮。

3. 鹅掌黄皮 在中医外科治疗中广泛应用,能治疗脚趾上湿烂和冻疮。

(三)鹅羽绒、鹅羽毛、鹅皮的经济价值

1. 鹅绒 水禽羽绒中以鹅羽绒最佳(鹅绒的绒大而蓬松、松软、洁净、无异味、保温性能好,抗磨、防水、防潮,还具有可洗涤性),市场销量大,价高。屠宰1只鹅约得优质鹅绒50克以上。鹅绒可制成各种衣、被、褥、枕等美观大方的羽绒时尚品。

2. 鹅皮 鹅皮经鞣制加工制成高档的裘皮。具有轻柔(其重量为兔裘皮的1/2、貂裘皮的1/4)、耐磨、防水、防潮、保暖、舒适、雍容华贵等特点。

3. 鹅羽毛 大羽翎可制成羽毛球、扇等工艺品。下脚料可制成水解羽毛粉,或提取营养性饲料添加剂,如胱氨酸、蛋氨酸、赖氨酸、组氨酸等。

第二章　鹅的生理及生物学特性

一、鹅的体型外貌特征

　　鹅的外形与雁相似,鹅的身体由头、颈、躯干、翼、尾和腿等几部分组成。不同品种的鹅,从外貌上就可鉴别;鹅的性别、年龄及所处的不同生理状态和生产性能均可从外貌上反映出来。鹅的外貌特征见图2-1。

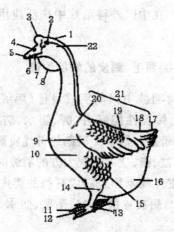

图 2-1　鹅的外貌特征

1.头　2.眼　3.肉瘤　4.鼻孔　5.喙豆　6.喙
7.下颌　8.肉垂　9.翼　10.胸部　11.蹼　12.趾
13.胫　14.跗关节　15.腿　16.腹部　17.尾羽
18.覆尾羽　19.翼羽　20.肩部　21.背部　22.耳

（一）头　部

鹅的头部以第一颈椎为界。鹅的头部前额高大，形状因鹅的品种不同有所差异。鹅头的前方是扁的，上下两片，前端窄后端宽状似楔形的喙，喙的角质较软，表面覆盖有蜡膜。在喙的基部头顶的上方长有肉瘤，中国鹅种多数长有肉瘤，肉瘤随年龄增长而长高，老年的肉瘤比青年鹅大，公鹅的肉瘤比母鹅大。大多数中国鹅种的肉瘤和喙的颜色基本一致，有橘黄色和黑色两种。上喙基部的两侧为鼻开口处，眼睛在头顶部的两侧，眼后略下方处为耳。因品种的不同，眼睛的虹彩也不同，有灰蓝色、褐色、彩色等。眼和耳非常灵敏，故在农村有养鹅护院的习惯。

有些鹅种因咽喉部的皮肤松弛下垂，形似袋状，称为咽袋。

（二）颈　部

鹅颈比其他家禽粗长，由 17～18 个颈椎组成，下至食管膨大部的基部。中国鹅种的颈细长弯成弓形，欧洲鹅种的颈粗短；公鹅的颈较粗，母鹅的颈较细；一般认为，小型鹅种颈细长，产蛋性能较好；大型鹅种颈较粗，易肥育，肉用性能较好。

鹅的颈伸缩转动灵活自如，头可以随意伸向以颈为直径的各个方向和身体的各个部位，可以进行觅食、修饰羽毛、配种、营巢、自卫、驱逐体表蚊蝇等多功能的行为活动，尤其是能半潜入一定深度的水中觅取食物。

（三）体躯部

除头、颈、翼、尾和腿之外，都属于鹅的体躯部，外形似船。体躯部又分为背区、胸区、腹区和左右两胁区。鹅的体躯也因品种不同而有区别，通常大型鹅种体躯大，骨骼粗壮，肉质较粗；小型品种体躯较小，骨骼较细，肉质细嫩。鹅的体躯长短及宽窄关系到个体的生产性能,体躯长而宽的个体不仅产肉性能好,而且产羽绒也多;背宽腹大的个体则产蛋性能较高。有的品种母鹅腹部皮肤有皱褶,俗称"蛋窝",腹部逐步下垂是母鹅临产的特征。

(四)翼　部

翼又称翅膀,宽大厚实,鹅的祖先用翅飞翔,如今的家鹅飞翔能力退化后,主要用来保持身体的平衡。翼上覆有羽毛,主要由主翼羽和副翼羽组成,主翼羽 10 根,副翼羽 12～14 根,在主、副翼羽之间有 1 根较短的轴羽,在主翼羽上面覆盖着覆主翼羽,在副翼羽上面覆盖着覆副翼羽。

(五)腿　部

鹅腿粗壮有力,是支撑身体的支柱。鹅腿由大腿、小腿、胫(蹠、跖)和蹼构成。鹅游泳时靠蹼划动前进,蹼端有爪。公鹅跖部较长,母鹅较短。趾和蹼的颜色相同,分橘红色和黑色两类。

(六)尾

鹅的尾部比较短平,尾端羽毛略上翘。鹅尾部有比较发达的尾脂腺,能分泌脂肪、卵磷脂和高级醇,鹅在梳理羽毛时,常用喙挤出油脂并涂布于全身羽毛上,这样可使羽绒光滑润泽,保持弹性,也有防止被水浸湿的作用。

(七)羽　毛

鹅的体表覆盖着羽毛,这些羽毛是由正羽(分为飞翔羽和体羽,正羽的主要特点是由上行性羽小枝与下行性羽小枝相勾连而形成的膜状羽片)、绒羽(包括新生雏的初生羽及成鹅的绒羽,其羽枝缺乏带钩的羽小枝,起保温作用)、毛羽(也称纤羽,细软,紧靠每一正羽的毛囊,它具有一条细而长的羽杆,在游离端处有一撮羽小枝)、发羽(形似头发,数量很少)等组成。

二、鹅的消化系统

鹅的消化系统包括消化道和消化腺两部分,消化道由喙、口腔、咽、食管、腺胃、肌胃、肠(小肠、盲肠、大肠)、泄殖腔;消化腺包括肝脏和胰腺等。消化器官主要是用于采食、消化食物、吸收营养和排泄废物。鹅的消化系统见图2-2。

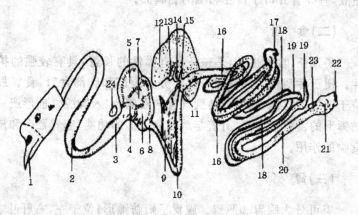

图 2-2　鹅的消化系统

1.嘴(喙)　2.食管　3.腺胃　4.峡　5.背侧肌　6.腹侧肌　7.腱镜
8.幽门　9.胰腺　10.十二指肠　11.胰腺导管　12.肝脏　13.胆囊
14.胆囊管　15.肝管　16.空肠　17.卵黄囊憩室　18.回肠　19.盲肠
20.直肠　21.泄殖腔　22.肛门　23.腔上囊　24.脾脏

(一)口腔和咽

鹅口腔无唇、齿,颊部很短,有喙,喙由上、下颌形成。喙质地坚硬,呈凿子状,便于采食青草。喙边缘有许多横脊,呈锯齿状,上下喙的锯齿互相嵌合,在水中觅食时具有滤水保食的作用。鹅的舌长,前端稍宽,分舌尖和舌根两部分。舌黏膜有厚的角质层。鹅的丝状乳头位于舌的边缘。舌上没有味觉乳头,但是在口腔黏膜内有味蕾分布。

鹅无软腭,所以口腔和咽之间没有明显界限。咽与口腔之间以最后 1 列腭乳头为界,咽乳头和喉乳头为咽和食管的分界。咽的顶端正中有一咽鼓管。咽黏膜下有丰富的唾液腺,包括上颌腺、下颌腺、腭腺、咽腺及口角腺。这些腺体虽小,但数量很多,能分泌黏液,有导管开口于口腔和咽的黏膜面。

(二)食 管

鹅颈长,食管也长,是一条富有弹性的长管,具有较强的扩张性。便于吞咽较大的食团。食管分为颈部和胸部食管,食管最初位于气管的背侧,在颈部转到气管的右侧,在入胸腔之前形成一个纺锤形的食管膨大部,有着与鸡嗉囊相似的功能,起着贮存和浸软食物的作用。

(三)胃

胃可分为腺胃和肌胃。腺胃呈短纺锤形,位于左、右肝叶之间的背侧。腺胃的黏膜上有许多小乳头,黏膜内有大量的胃腺,可分泌盐酸和胃蛋白酶,分泌物通过导管开口于乳头排到腺胃腔中。腺胃主要功能是分泌胃液和推移食团进入肌胃。

肌胃亦称砂囊或"肫",位于腺胃后方,呈扁椭圆形的双凸体,有 2 个通道,一个通胃腺,一个通十二指肠。肌胃的肌层发达,呈暗红色。肌胃内的黏膜层内有肌胃腺,分泌物形成一层类角质膜,有保护黏膜的作用。鹅的类角质膜较厚,易剥离。肌胃腔内有较多的砂石,对食物起研磨作用。肌胃收缩时,产生 25～35 千帕的肌内压,这样大的压力不但能磨碎坚硬的食物,甚至能把玻璃球压碎。砂砾在肌胃内的作用很重要,如将胃内砂砾除掉,消化率下降25%～30%。

(四)肠和泄殖腔

鹅肠分为大肠和小肠。

1. 小肠 小肠分为十二指肠、空肠和回肠。在大、小肠上均有肠绒毛,但无中央乳糜管。在大、小肠黏膜内有肠腺,但在十二指肠内无肠腺。鹅的小肠粗细均匀,肠系膜宽大并分布大量的血管形成网状。十二指肠位于肌胃右侧,肌胃的幽门口连通十二指肠。十二指肠以对折的盘曲为特征,可分为降部和升部。两部分肠段之间夹有胰,与十二指肠起端相对应处的十二指肠末端向后侧延续为空肠。空肠形成许多肠袢,由肠系膜悬挂于腹腔顶壁。鹅空肠形成5～8个圆肠袢,数目比较固定。空肠的中部有一盲突状卵黄囊憩室,是胚胎期间卵黄囊柄的遗迹。回肠短而直,以回盲韧带与盲肠相连。空肠与回肠无明显差异,一般以卵黄囊憩室为分界线,向上靠近十二指肠的为空肠,向下与大肠相连接的为回肠。小肠内的肠腺分泌含有消化酶的肠液,分泌物排入肠腔,对食物进行消化。

2. 大肠 大肠分为盲肠和直肠。盲肠有2条,呈盲管状,盲端游离。回盲口可作为小肠与大肠的分界线。距回盲口约1厘米处的盲肠壁上有一膨大部,由位于盲肠内的大量淋巴小结组成,称盲肠扁桃体。回盲口的后方为直肠,直肠很短,末端连接泄殖腔。盲肠能将小肠内未被分解的食物及纤维素进一步消化,并吸收水和电解质。

3. 泄殖腔 泄殖腔为消化、生殖、泌尿三系统的共同通道。泄殖腔略呈球形,内腔面有3个横向的环形黏膜褶,将泄殖腔分为3个部分。前部为粪道,与直肠相通;中部叫泄殖腔,输尿管、输精管或输卵管开口在这里;后部叫肛道,肛道壁上有肛腺,分泌黏液。

肛道的背侧壁上有腔上囊的开口。肛道向后通肛门（又称泄殖孔），肛门壁内有括约肌。

(五)肝脏及胆囊

鹅肝脏较大,分左、右两叶,不等大。重量从孵化出壳到性成熟增加 33.9 倍。一般鹅肝重为 60～100 克。雏鹅的肝呈淡黄色,这是由于雏鹅吸收卵黄色素的结果,成年鹅的肝一般为暗褐色。每叶肝脏各有 1 个肝门(每叶的肝动脉、肝门静脉和肝管进出肝的地方称为肝门)。肝右叶有 1 个胆囊,右叶分泌的胆汁先贮存在胆囊中,然后通过胆管开口于十二指肠。左叶肝脏分泌的胆汁从肝管直接进入十二指肠。鹅的肝脏可聚存大量脂肪,采取填肥的方法,可使鹅的肝脏增加到原来重量的 10～15 倍。

(六)胰　腺

胰腺位于十二指肠降部和升部之间的系膜内,呈淡粉色。鹅胰腺有 2 条导管,并与胆管一起开口于十二指肠末端。胰的分泌部为胰腺,分泌含淀粉、蛋白质、脂肪酸分解酶等的胰液,排入十二指肠,消化食物。另在胰腺腺泡之间,呈团块状分布着众多的胰岛,分泌胰岛素等激素,随静脉血循环。

(七)消化和吸收

消化作用主要是将蛋白质、碳水化合物、脂肪等大分子营养物质转变为能被肠黏膜上皮吸收的小分子物质,然后进入血液送至全身,这些化学分解作用是由许多酶完成的。

在禽类,分解碳水化合物的酶有:水解淀粉的唾液淀粉酶、胰淀粉酶、肠淀粉酶;水解多糖的各种多糖酶,最后将其转变为简单的糖类,如葡萄糖;分解蛋白质的酶有胃蛋白酶、胰蛋白酶、肠肽酶等,最后将其转变为氨基酸;分解脂肪的酶有胰脂肪酶和肠脂肪酶,胆汁则有乳化脂肪的作用,最后将其转变为甘油和脂肪酸。

食糜从胃入肠后依靠肠的蠕动逐渐向后推移;鹅的肠还具有明显的逆蠕动,使食糜往返运行,能在肠内停留较长时间,以便更好地进行消化和吸收。

小肠是吸收营养的主要部位。肠绒毛膜则积极参与吸收作用。鹅的绒毛膜没有乳糜管(淋巴管),只有丰富的毛细血管,所以各种分解产物都被吸收入血液。这些血液首先通过肝门静脉送到肝脏,一方面对某些有毒物质进行解毒,另一方面将糖类和脂肪贮存于肝内。

盲肠内栖居有微生物,能对纤维素进行发酵分解,产生低级脂肪酸而被肠壁吸收。直肠短,主要吸收一些水分和盐类,形成粪便后送入泄殖腔排出体外,泄殖腔也有吸收少量水分的作用。

三、鹅的生殖系统

生殖器官的功能是产生生殖细胞(雄性产生精子,雌性产生卵子)、分泌激素,繁殖后代。

(一)公鹅的生殖器官

公鹅的生殖器官包括睾丸、附睾、输精管和阴茎。公鹅的生殖器官见图 2-3 ,图 2-4 。

1. 睾丸 公鹅睾丸有 2 个,左右对称,以睾丸系膜悬挂于同侧肾脏前叶的前方,呈豆状。睾丸的大小、重量、颜色随品种、年龄和性活动的时期有很大变化。未成年的鹅睾丸很小,仅绿豆至黄豆大小,一般为淡黄色;性成熟时相当大,配种季节可达鸽卵大,因内存大量精子颜色呈乳白色。睾丸外由结缔组织形成的白膜所包被,但没有隔膜和小叶,其内主要由大量的精细管构成。精子在精细管内形成,精细管相互汇合,最后形成若干输出

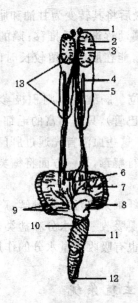

图 2-3 公鹅的生殖器官

1.肾上腺 2.睾丸 3.附睾 4.输尿管

5.输精管 6.输尿管口 7.输精管乳头

8.纤维淋巴体基部 9.肛外侧腺 10.射精沟

11.纤维淋巴体 12.排精沟末端 13.肾

管,从睾丸的附着缘走出而连接于附睾。睾丸的精细管之间分布有成群的间质细胞,能分泌雄性激素,可控制鹅第二性征的发育和性行为。

2.附睾 鹅的附睾较小,呈长纺锤形,位于睾丸背内侧缘,且被悬挂睾丸的系膜所遮盖。

3.输精管 输精管是一对弯曲的细管,与输尿管平行,往后逐渐变粗,末端变直膨大的部分称脉管体,精子可在此贮存,并由脉管体分泌的液

体所稀释。输精管入泄殖腔后变直,呈乳头突起称射精管,位于输尿管外侧。

4.阴茎 鹅的阴茎具有伸缩性,螺旋状扭曲,由左右 2 条纤维淋巴体构成的阴茎体,左边纤维淋巴体比右边大。勃起时左右淋巴体闭合形成 1 条射精沟,从阴茎底部上方的 2 个输精管乳头排出精液,沿射精沟流至阴茎顶端射出。

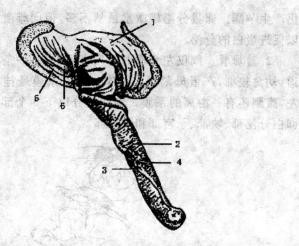

图 2-4　公鹅的阴茎
1.已向外翻转的泄殖腔　2.阴茎　3.射精沟
4.沟内隆凸部　5.输精管口　6.输尿口

(二)母鹅的生殖器官

母鹅的生殖器官由卵巢和输卵管组成。母鹅生殖器官仅左侧发育正常,右侧在孵化期间就停止发育。母鹅的生殖器官见图 2-5。

1. 卵巢　位于鹅腹腔左肾前端。卵巢由富有血管髓质和含有无数卵泡的皮质两部分构成。卵细胞就在卵泡里发育生长。孵出1昼夜的雏鹅卵巢很小,乳白色,后来由于血管增生而呈红褐色,此后由于卵巢的结缔组织相对减少,卵泡和包于其中的卵细胞增大,肉眼可在卵巢表面见到大量卵泡。到产蛋期,卵细胞内卵黄颗粒开始沉积,以供给未来胚胎发育的需要,最后成为成熟卵泡。卵巢除排卵外,还能分泌雌激素、雄激素和孕酮。雌激素对卵泡生长发育、排卵激素的释放、输卵管的生长和提高血液中的脂肪、钙、磷含量及体组织脂肪的沉积等起作用。母鹅排卵后不产出黄体,但仍产生孕酮。卵巢分泌雄激素虽然不多,但同雌激素协同作用可以促进蛋白的分泌。

2.输卵管 鹅仅左侧输卵管发育完全,是一条长而弯曲的管道,幼禽较细,产蛋母鹅增大变宽。它以系膜悬挂在腹腔背侧偏左,腹侧还有一游离的系膜。输卵管分以下 5 个部分,即漏斗部、卵白分泌部、峡部、子宫部和阴道部。

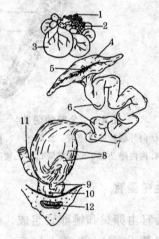

图 2-5 母鹅的生殖器官

1.卵巢基 2.发育中的卵泡 3.接近成熟的卵泡 4.喇叭部
5.喇叭入口 6.蛋白分泌部 7.峡部 8.子宫(内有形成的鹅蛋)
9.阴道 10.泄殖腔 11.直肠 12.肛门

四、鹅的生物学特性

(一)食草性

鹅是食草水禽。除莎草科苔属及有毒、有特殊气味的青草外,均可采食。鹅喜食嫩青草,尤其是具有甜味的稗草、鹅头稗、打碎的甜玉米秸等青绿饲料。因此,人们常说:"养鹅要青","青草换肥鹅"。

鹅之所以能利用大量青草,主要与鹅的生理结构有关。鹅的上喙长于下喙,质地坚硬,呈凿子状,便于采食青草;鹅无嗉囊,但在鹅食管的后段形成纺锤形的食管膨大部,其功能与嗉囊相似,起着贮存和浸软食物的作用;鹅的肌胃特别发达,肌胃的压力比鸡大2倍,是鸭的1.5倍,且鹅的肌胃内有一层厚而坚硬的角质膜,内有砂砾,依靠肌胃坚厚的肌肉组织的收缩运动,可把食物磨碎并将植物细胞壁裂解,使细胞液流出;鹅的消化道较长,是鹅体的11倍,盲肠发达,内含有厌氧纤维分解菌,能将部分纤维发酵成脂肪酸。因此,尽量放牧饲养,即使舍饲,也要尽可能多地提供青饲料,以便大幅度降低养鹅成本。

鹅的胃肠排空速度快,有"多吃多屙"的特点,因此鹅对饥饿比较敏感。农谚说:"鹅者饿也,肠直便粪,常食难饱",反映鹅依赖频频通过大量采食,获取养分。为此,在制定鹅饲料配方和饲养规程时,可采取适当降低饲料质量,增加饲喂次数和数量,来适应鹅的消化特点,提高饲养效果。

(二)鹅喜水,但怕潮、怕湿

鹅是水禽,喜欢清洁,愿在水中浮游寻食,嬉戏,求偶和交配。因此,宽阔的水域,良好的水源是养鹅的重要环境条件之一。但鹅特别喜干燥,人们常说:"养鹅无巧,窝干食饱"。

(三)鹅耐寒性强,但怕热

鹅全身覆盖羽毛,羽毛紧贴身,且绒毛浓密,皮下脂肪厚,尾脂腺发达,因而鹅具有较强的耐寒性。故鹅在0℃时,仍能在水中活动,在10℃条件下,可保持较高产蛋率。但相对而言,鹅怕热,在炎热的夏季,喜欢整天泡在水中,或者在树阴下纳凉休息,觅食时间减少,采食量下降,甚至停止产蛋。

(四)合 群 性

鹅在野生状态下,喜群居和成群飞行,这种本性在驯化家养之后仍未改变,家鹅至今仍表现出很强的合群性,相互间也不喜啄斗。经过训练的鹅在放牧条件下可以成群远行数里而不混乱。偶尔个别鹅离群,则会高声"呱呱"鸣叫,孤鹅便寻声归群。因此这种合群性使鹅适于大群放牧饲养和圈养。

(五)鹅的摄食行为

鹅喙呈扁平铲状,摄食时不像鸡那样啄食,而是铲食,铲进一口后,抬头吞下,然后再重复上述动作,一口一口地进行。这样,就要求饲喂时,食槽要有一定高度。

(六)敏 感 性

鹅的听觉敏感,警觉性很强,反应迅速,能较好地接受调教和管理训练。但鹅最易受惊吓,因此在养鹅生产过程中,给予稳定的环境条件,防止猫、犬、老鼠等动物的侵入;或突然断水,停电,光照的突变,饲养密度不适当,空气污浊,饲料和器具的更换,急剧的酷暑或严寒,免疫接种等均会造成鹅应激,鹅群受惊而相互挤压、产蛋下降。鹅遇陌生人会高声鸣叫,甚至展翅啄人,因此有人用鹅代替犬看家护院。

(七)生活规律性

鹅具有良好的条件反射能力,每日的生活具有明显的节律性,这种生活节奏一经形成便不易改变。如原来日喂3次,突然改变为2次,鹅会不习惯,会在原来喂食的时候自动群集鸣叫、骚乱;如果把原来的产蛋窝给移动了,鹅会拒绝产蛋或随地产蛋。因此在养鹅生产中,一经制定的操作管理规程就要保持稳定,不要轻易改变。

综上所述,在养鹅生产中必须依据鹅的生理特性,提供适宜的环境和饲养管理方式,才能生产更多的鹅产品。

第三章 鹅的优良品种

一、国内品种

（一）狮头鹅

狮头鹅是我国最大型的鹅种，因其头部形状颇像狮头而得名，主产区在淞汕平原一带（图 3-1），黑龙江省于 1996 年从广东省引进，现也有一定的饲养量。

图 3-1 狮头鹅

狮头鹅体大，头部有黑色发达的肉瘤，向前伸呈扁平状，颌下肉垂发达呈弓形或三角形。肉瘤及喙与颊连接部分有白色羽毛。喙部短且质坚实。眼皮突出多呈黄色，外观眼球似下陷。背部、前胸及翼羽为棕色,腹部羽毛白色,胫蹼为橘红色或略带黑斑,抗寒能力较差。

成年公鹅体重为 8.5～9.5 千克,成年母鹅为 7.5～8.5 千克。经 3～4 周填饲,肝重可达 750 克。6～7 月龄开产,年产蛋量 25～30 枚,平均蛋重为 180～220 克,蛋壳乳白色。60 日龄仔鹅体重为 4.5～5.5 千克。

(二)皖西白鹅

皖西白鹅原产于安徽省西部丘陵山区和河南省固始一带,主要分布在皖西霍邱、寿县、六安、肥西、舒城、长丰等县以及河南省的固始等县,具有生长快、耐粗饲、肉质好和羽绒品质优良等特点。皖西白鹅体型中等,全身羽毛白色,颈细长呈弓形,肉瘤橘黄色、圆而光滑无皱褶。喙、胫、蹼均为橘黄色,眼虹彩灰蓝色。有少数鹅颌下有咽袋,少数个体后顶部生有球形羽束,成为"顶心毛"(图 3-2)。成年公鹅体重 5.5～5.6 千克,母鹅 5～6 千克。在一般放牧条件下,90 日龄体重可达 4.5 千克,肉用仔鹅半净膛屠宰率为 79.0%,全净膛屠宰率为 72.8%。母鹅开产日龄 180 天左右。母

图 3-2　皖西白鹅

鹅就巢性很强,绝大多数母鹅有就巢性,年产蛋 25 枚左右。无就巢性的母鹅年产蛋约 50 枚,平均蛋重 142 克,蛋壳白色。公母配种比例为 1∶45。种蛋受精率 88% 左右,自然孵化的受精蛋孵化率可达 92%。

(三)溆浦鹅

溆浦鹅产于湖南省沅水支流溆水两岸,中心产区在新坪、马田坪、水车等县,分布在溆浦全县及怀化地区各县、市。试验证明,溆浦鹅是我国肥肝性能优良的鹅种之一。溆浦鹅属中等体型,羽毛主要有灰、白两种颜色,以白色居多。该鹅体躯稍长,呈圆柱形。公鹅直立雄壮,护群性强,肉瘤发达,颈细长呈弓形;母鹅体型稍小,性温驯。白鹅全身羽毛白色,喙、肉瘤、胫、蹼呈橘黄色,眼虹彩灰蓝色。灰鹅的颈、背、尾部羽毛为灰褐色,腹部白色,喙黑色,肉瘤表面光滑,呈灰黑色;胫、蹼橘红色,眼虹彩灰蓝色(图 3-3)。成年公鹅重 6.0～6.5 千克,母鹅 5～6 千克,半净膛屠宰率为 88% 左右,全净膛屠宰率约 80%。母鹅开产日龄控制在 200～210 天。产蛋季节集中在秋末和春初,年产蛋 30 枚左右,平均蛋重 212.5 克。溆浦鹅具有良好的肥肝性能,填饲肥肝平均重为 627.51 克,最大肥肝重 1 330.5 克。

图 3-3　溆浦鹅

(四)雁　鹅

雁鹅是灰色品种中的代表类型,原产于安徽省西部的六安地区及河南省的固始等县,主要分布于霍邱、寿县、六安、舒城、肥西等县,现在安徽的宣城、郎溪、广德一带和江苏西南的丘陵地区成了新的饲养中心。雁鹅体型较大,体质结实,全身羽毛紧贴。头部圆形略方、大小适中,头上有黑色肉瘤,质地柔软,呈桃形或半球形向上方突出。喙黑色,扁阔。胫、蹼多数为橘黄色,个别有黑斑,爪黑色。鹅颈细长,个别鹅有小咽袋,有腹褶。成年鹅羽毛呈灰褐色或深褐色,颈的背侧有1条明显的灰褐色羽带。体躯的羽毛从上往下由深渐浅,至腹部成为灰白色或白色,背、翼、肩皆为灰褐色羽镶白边的镶边羽,肉瘤的边缘和喙的基部大部分有半圈白羽(图3-4)。成年公鹅体重5.5~6.0千克,母鹅4.7~5.2千克,雁鹅早期生长速度较快,10月龄上市的肉用仔鹅体重3.5~4.0千克,半净膛屠宰率为84%,全净膛屠宰率为72%。母鹅一般控制在210~240日龄开产,年产蛋量25~35枚。平均蛋重150克。公、母配种比例1:5,种蛋受精率85%以上,受精蛋孵化率70%~80%。

图3-4　雁鹅

(五)四川白鹅

四川白鹅产于四川省温江、乐山、宜宾、永川和达县等地,广泛分布于平坝和丘陵水稻产区。四川白鹅是我国中型鹅种基本无就巢性,产蛋性能优良的品种。全身羽毛洁白、紧密;喙、胫、蹼橘红色,眼虹彩蓝灰色(图3-5)。公鹅体型较大,头颈稍粗,体躯稍长,额部有一呈半圆形的橘黄色肉瘤;母鹅头清秀,颈细长,肉瘤不明显。成年公鹅体重5.0～5.5千克,母鹅4.5～4.9千克。90日龄体重3.5千克。半净膛屠宰率公鹅为86.28%,母鹅为80.69%;全净膛屠宰率公鹅为79.27%,母鹅为73.10%。母鹅200日龄开产,平均产蛋量60～80枚,有的鹅可超过100枚,平均蛋重146.28克,蛋壳白色。公、母配种比例1∶3～4,种蛋受精率85%左右,受精蛋孵化率84%左右。据测定,四川白鹅的肥肝平均重344.0克。最大的520克。

图3-5 四川白鹅

(六)豁 眼 鹅

豁眼鹅原产于山东省莱阳地区,现广泛分布于辽宁省昌图、铁岭,吉林省通化地区及黑龙江省肇东、肇源等地,因其上眼睑中有个小豁口,故而得名,这也是该品种的独有特征。豁眼鹅全身羽毛白色,体型小而紧凑,鹅头肉瘤不大,眼呈三角形,上眼睑有一疤状缺口,体躯呈卵圆形,背平宽,腹部略下垂。喙、肉瘤、蹼呈橘黄色,眼睑呈淡黄色,眼虹彩呈蓝灰色(图3-6)。东北三省的豁眼鹅多有咽袋及较深的腹褶。成年公鹅体重4.5～5.0千克,母鹅3.5～4.0千克。雏鹅初生重75～80克,60日龄可达到1.4～2.8千克。公鹅180日龄性成熟,母鹅180～190日龄开产,年平均产蛋量120枚左右,平均蛋重130克。公、母配种比例为1：5～6,种蛋受精率85%以上,受精蛋孵化率约为80%。年平均产毛250克,其中绒毛60克。豁眼鹅是理想的杂交配套母系。

图3-6 豁眼鹅

(七)籽 鹅

籽鹅是优良的蛋用型鹅种,原产于黑龙江省绥化和松花江地区,其中以肇东、肇源、肇州等县最多,现在黑龙江省各地均有饲养。籽鹅全身羽毛洁白,体小而紧凑,颈长,头顶有缨,头上额包较小,眼虹彩为灰色。喙胫及蹼皆为橙黄色,无咽袋,腹部不下垂(图3-7)。籽鹅适应性强,产蛋性能高,能在寒冷的气候和恶劣的饲养条件下保持高产,是世界上罕见的高产鹅种。籽鹅体重较轻,成年公鹅体重4.0～4.5千克,母鹅体重3.0～3.5千克。籽鹅羽毛生长较快,60日龄全身羽毛长全。180日龄左右开产,年平均产蛋量100枚左右(个体鹅最高年产蛋量可达到170枚),蛋重平均为130克,蛋壳白色。籽鹅成熟早,但无就巢性。公、母配种比例为1∶5～7,春季受精率可达90%以上,受精蛋孵化率85%以上。年产毛量250克以上,产绒62克以上。

图3-7 籽 鹅

二、国外品种

(一)莱 茵 鹅

莱茵鹅原产于德国的莱茵河流域,对欧洲以至整个世界的肉鹅生产都有较大影响,黑龙江省鹅育种中心于1998年从法国克里莫公司引进1 300套莱茵鹅。进行纯种繁育和杂交、选育,获得了良好的社会效益和经济效益。莱茵鹅全身羽毛洁白,喙、胫、蹼橘红色,初生雏绒毛灰白色(图3-8),随着生长周龄增加而逐渐变化,至6周龄时变为白色羽毛。仔鹅8周龄活重可达4.0～4.5千克,成年公鹅5～6千克,母鹅4.5～5千克,经填饲肥肝重400～500克。210～240日龄开产,年产蛋量50～60枚,蛋重150～190

克。公、母配种比例为 1：3～4,受精率约为 75％。

图 3-8 莱 茵 鹅

(二)朗 德 鹅

朗德鹅原产于法国的朗德省,是当前鹅肥肝生产中最优秀的肝用品种。朗德鹅全身羽毛以灰褐色为基础,背部羽色较深,接近黑色,胸部羽色较浅,呈银灰色,腹部羽色乳白色。体型大,背宽胸深,腹部下垂,头部肉瘤不明显,喙尖而短,颈上部有咽袋,颈粗短,颈羽

图 3-9 朗 德 鹅

稍有弯曲(图 3-9)。成年公鹅体重 7～8 千克,母鹅 6～7 千克,8 周龄约 4.5 千克,年平均产蛋 40 枚,平均蛋重 180～200 克。公、母配种比例 1∶3,就巢性较弱。朗德鹅的肝用性能好,平均肥肝重 900克。

(三)罗曼鹅

罗曼鹅是欧洲古老品种,原产于意大利。罗曼鹅属于中型鹅种,全身羽毛白色,眼为蓝色,喙、脚、胫与趾均为橘红色。体型特点是"圆",颈短、背短、体躯短(图 3-10)。成年公鹅体重 6.0～6.5千克,母鹅重 5.0～5.5 千克。罗曼鹅饲养 87～90 天即可出栏屠宰,母鹅平均重 6.5 千克,公鹅平均重 7.5 千克。母鹅每只年产蛋数 40～45 枚,受精率 82％以上,孵化率 80％以上。

图 3-10　罗曼鹅

第四章 鹅的育种及 良种繁育体系

一、鹅育种的基本技术

为了准确地对种用鹅进行鉴定、比较、选择、淘汰，正确地开展选种、选配和繁育工作，必须掌握鹅育种的基本技术。

（一）编号与标记

为使每一只鹅的个体有确切的系谱和生产性能记载资料，种用鹅的编号与标记就成为育种上的一项重要工作。

种用鹅的编号有翅号、脚号、肩号3种，见图4-1。

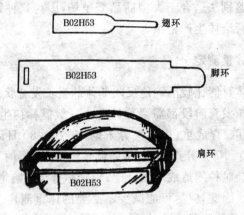

图4-1 鹅编号的种类
1.翅环 2.脚环 3.肩环

1. 翅号　用于出壳雏鹅,绒毛干后在雏鹅右侧尺骨与桡骨前侧翅膜上戴上有编号的翅号。翅上的编号就是该种鹅的终身名号。可采用系统编号法,通常以一个符号代表品种、品系或家系,另一个符号代表父号;一个数字代表母号,另一个数字代表雏鹅本身号码。例如,一只雏鹅的翅号为 A05B30,即表示该鹅为 A 家系(品种或品系),母号为 05,父号为 B,30 为该鹅本身号。

2. 脚号、肩号　待雏鹅育成成鹅后,再套上脚号和肩号,前者戴在左胫上,后者戴在右肩上。脚号、肩号与翅号的号码完全相同。

(二)体型外貌鉴别

种鹅的外貌,体质结构和生理特征反映出各部位的生长发育和健康状况,可作为判断生产性能优劣的参考依据。这是鹅群繁育工作中通常采用的简单易行、快速的鉴别方法。鉴别时首先要求种鹅的体型外貌符合本品种特征;其次要考虑生理特征。这种体型外貌鉴别法适合于大型商品繁殖场,因为这种繁殖场的种鹅一般不进行个体生产记录。

(三)体重测定

测定体重能比较准确地反映鹅体的生长发育状况。种鹅各个重要的生长发育阶段都需要称体重。一般需称初生重、育雏末期(30 日龄)重、育成重(中鹅饲养末期,在 70～80 日龄)、成年鹅体重(12 月龄)、母鹅开产体重(母鹅群日产蛋率 5% 时重)。

称重会对种鹅造成应激反应,频频称重会影响增重,甚至影响生长发育。因此,应尽可能减少不必要的体重测定。一般大群体称重,每次只抽测群体数的 5%～10%,小群体每次称重至少 100只(公、母各半)求其平均数。

体重测定一律在鹅空腹状态下进行,一般在早晨或饲喂前或断水、断料 6 小时以后进行。

(四)体尺测定

体尺可以比较客观地反映鹅的外形和躯体各部位生长发育情况,是鹅品种特征的一项重要指标。鹅的主要体尺指标和测定方法如下。

1. 体斜长　用皮尺测量。从肩关节前缘至坐骨结节后缘的距离。

2. 胸宽　用卡尺测量。左右两肩关节间的距离。

3. 胸深　用卡尺测量。从第一胸椎至胸骨前缘间的距离。

4. 胸骨长　用皮尺测量。胸骨前、后两端的距离。

5. 背宽　又称骨盆宽,用卡尺测量左、右两腰角外缘的距离。

6. 胫长　用卡尺测量。从胫部上关节到第三与第四趾间的直线距离。

7. 胫围　用皮尺测量。胫中部的周长。

8. 颈长　用皮尺测量。第一颈椎前缘至最后 1 个颈椎后缘的直线距离。

(五)种蛋的收集

作系谱孵化的种蛋,在集蛋时应在蛋的钝端上 1/3 的壳面上,用铅笔记明配种时间、父号和母号。

(六)系谱孵化

种鹅在进行品系育种时,为了建立种鹅群的系谱必须进行系谱孵化。

1. 系谱孵化用具　系谱孵化用具有孵化袋、孵化网罩和出雏盘,可根据育种工作要求进行选用。

(1)系谱孵化袋　用纱布或尼龙网制作,鹅蛋袋以 13(长)厘米×10(宽)厘米,每袋装 1 枚种蛋,袋口贯穿棉带,装蛋以后拴在一起。

(2)系谱孵化网罩　可用铝丝或塑料丝编成,其直径大小,以每一罩内可容 1 只母鹅所产一次入孵种蛋为宜。

(3)出雏盘　在出雏盘内设置活动隔板,分隔的小格大小根据来自同一种母鹅或公鹅一次入孵蛋的多少而定。即每一小格间只放入同一母鹅或公鹅的一次入孵的种蛋。出雏盘上应有网盖,以免出雏时雏鹅乱爬,无法辨认系谱。

2. 系谱孵化　入孵前应在种蛋锐端(因雏鹅出壳时常将钝端壳面弄碎,以至难于分清壳面上的记录)编写入孵种蛋序号、注明父号和母号。将编写好入孵蛋序号的种蛋,按系谱孵化。即种蛋入孵时可将来自同一母鹅或同一公鹅的种蛋集中排列在 1 个蛋盘内。这样转入出雏器时,便可按同一母鹅或同一公鹅的种蛋装入系谱孵化出雏盘或罩内,待雏鹅绒毛干后,取出称重,戴上翼环。

(七)鹅生产性能的测定与计算方法

1. 产蛋性能

(1)开产日龄　有个体记录的鹅群,以产第一枚蛋的平均日龄计算。只做群体记录的鹅群,按产蛋率达 5% 的日龄计算。

(2)产蛋量　可按入舍母鹅数或按母鹅饲养日数两种方法统计。

$$入舍母鹅产蛋量(枚)=\frac{统计期内总产蛋量}{入舍母鹅数}$$

$$母鹅饲养日产蛋数(枚)=\frac{统计期内总产蛋量}{平均饲养母鹅只数}$$

$$平均饲养母鹅只数=\frac{统计期内累加饲养只日数}{统计期日数}$$

如果需要测定个体产蛋记录,则需在晚间,逐个捉住母鹅,用中指伸入泄殖腔内,向下探查有无硬壳蛋进入子宫部或阴道部,将有蛋的母鹅放入自闭产蛋箱内关好,待次日产蛋后放出。

(3)产蛋率 母鹅在统计期内的产蛋百分比,按饲养日计算或按入舍母鹅数计算。

$$饲养日产蛋率(\%)=\frac{统计期内的总产蛋量}{实际饲养日母鹅只数的累加数}$$

$$入舍母鹅产蛋率(\%)=\frac{统计期内的总产蛋量}{入舍母鹅数}\times 统计日数$$

统计期内总产蛋量指周、月、年或规定期内统计的产蛋量。

(4)蛋 重

①平均蛋重 从300日龄开始计算,以克为单位。个体记录者需连续称3枚以上的蛋,求平均值。群体记录时,则连续称3天总产量平均值。大型养鹅场按日产蛋量的5%称蛋重,求平均值。

②总蛋重 指每只种母鹅在一个产蛋期内的产蛋总重量。

$$总蛋重(千克)=\frac{平均蛋重(克)\times 平均产蛋量}{1000}$$

2.蛋的品质 测蛋的品质时,测定的蛋数不能少于50枚,每批种蛋应在产蛋后24小时内进行测定。

(1)蛋形指数 用蛋形指数测定伐或游标卡尺测量蛋的纵径与最大横径,求其商。以厘米为单位,精确度为0.5毫米。

$$蛋形指数=\frac{纵径}{横径}或\frac{横径}{纵径}\times 100\%$$

(2)蛋壳强度 指鹅蛋对碰撞和挤压的抵抗能力,为蛋壳坚固性指标。用蛋壳强度测定仪测定,单位为千克/厘米^2。

(3)蛋壳厚度 用蛋壳厚度测定仪测定,分别测定蛋壳的钝端、中部、锐端3个部位的厚度,求其平均值。测量时应剔除内壳膜,用吸水纸吸去蛋白。以毫米为单位,精确至 0.01 毫米。

(4)蛋的比重 根据蛋的比重可测得蛋壳的厚度和蛋的新鲜度。其方法是:在 1000 毫升水中加入 68 克氯化钠为 0 级,以下每增加 4 克氯化钠其溶液比重也增加一级,以此类推,共分 9 级。测定前,先用比重计校正溶液比重,达到各级的比重后,将蛋由 0 级依次放入盐水中,若蛋漂浮在盐水中央,该蛋比重就为相应的级别。其溶液的比重和级别如表 4-1。

表 4-1 鹅蛋比重和等级

级 别	0	1	2	3	4	5	6	7	8
比 重	1.068	1.072	1.076	1.080	1.084	1.088	1.092	1.096	1.100

蛋壳质地良好的均应在 4 级以上。

测定蛋的新鲜度,其盐水溶液配比如表 4-2。

表 4-2 鹅蛋新鲜度测定

比 重	1.02	1.03	1.06	1.07	1.08	1.09	1.10
每升水中加盐量(克)	40	60	100	120	140	160	190

(5)蛋黄指数 以蛋黄高度与蛋黄直径比表示。蛋黄指数越小,蛋越陈旧。

(6)蛋黄比色 用比色扇由浅到深进行比色,一般分为 15 级,有的国家分 12 级。

(7)蛋壳的颜色 蛋壳颜色测定方法有主观鉴定与仪器测定两种方法。前一种靠人的眼睛进行主观鉴定和比较,因无统一的标准,在一定程度上受测定者本身及环境因素的影响,因而误差较大。仪器测定,其原理是不同深度颜色对光的反射率不同,即可判定蛋壳的深浅。常用的仪器有 HunterD25A-29、TSS EQR 测色仪、CR-200 色度计。

(8)血斑和肉斑率 它们分别存在于蛋黄和蛋白内,通过照蛋透视可看出。统计测定总蛋数中含有血斑和肉斑的百分比。

$$血斑和肉斑率 = \frac{血斑和肉斑总数}{测定总蛋数} \times 100\%$$

(9)哈氏单位 为蛋白品质指标,由蛋重按蛋白高度加以校正后计算而得。用蛋白高度测定仪测定。方法是:将玻璃板校正水平位置和仪器校正后,将新鲜鹅蛋磕开倒入玻璃板上,测定时离开蛋黄1厘米并避开系带,测定浓蛋白最宽部分的高度,测两点求平均值,精确至0.01毫米。测出蛋重和蛋白高度后,用公式求出哈氏单位;也可用哈氏单位速查表查出。

$$哈氏单位 = 100\log(H - 1.7W^{0.37} + 7.57)$$

式中:H——浓蛋白高度(毫米);

W——蛋重(克)。

3. 肉用性能

(1)活重 指屠宰前禁食12小时后的重量(克)。

(2)屠体重 放血去毛后的重量(克),湿拔毛须沥干后测。

(3)半净膛重 屠体去气管、食管、气囊、肠、脾、胰和生殖器官,留心、肝(去胆)、肺、肾、腺胃、肌胃(去内容物及角质膜)、腹脂(包括腹部板油和肌胃周围的脂肪)的重量(克)。

(4)全净膛重 半净膛去心、肝、腺胃、肌胃、腹脂后的重量(克)。鹅保留头、脚。

(5)常用几项屠宰率的计算方法

$$屠宰率 = \frac{屠体重}{活重} \times 100\%$$

$$半净膛率 = \frac{半净膛重}{活重} \times 100\%$$

$$全净膛率=\frac{全净膛重}{活重}\times100\%$$

$$腿肌率=\frac{大小腿净肌肉重}{全净膛重}\times100\%$$

$$胸肌率=\frac{胸肌重}{全净膛重}\times100\%$$

4. 繁殖性能

(1)孵化成绩

①种蛋合格率　指种母鹅在规定的产蛋期内所产的符合本品种、品系要求的种蛋占产蛋总数的百分比。计算公式如下：

$$种蛋合格率=\frac{合格种蛋数}{产蛋总数}\times100\%$$

②种蛋受精率　指孵化7~8天照检所得受精蛋数占入孵蛋数的百分比。血圈、血线蛋按受精蛋计算，散黄蛋按无精蛋计算。计算公式如下：

$$种蛋受精率=\frac{受精蛋数}{入孵蛋数}\times100\%$$

③种蛋孵化率(出雏率)　分受精蛋孵化率和入孵蛋孵化率两种，分别指出雏数占受精蛋数和入孵蛋数的百分比。计算公式如下：

$$受精蛋孵化率=\frac{出雏数}{受精蛋数}\times100\%$$

$$入孵蛋孵化率=\frac{出雏数}{入孵蛋数}\times100\%$$

④健雏率　指新生的健康雏占出雏数的百分比。健雏指适时出壳，绒毛正常，脐部收缩愈合良好，精神活泼，叫声响亮，无畸形。

计算公式如下：

$$健雏率 = \frac{健雏数}{出雏数} \times 100\%$$

⑤种母鹅提供的健雏数　指在规定的产蛋期内，每只种母鹅提供的健康雏鹅数。

(2)成 活 率

①雏鹅成活率　指育雏末期成活雏鹅数占入舍雏鹅数的百分比。鹅的育雏期为 0～4 周龄。

$$雏鹅的成活率 = \frac{育雏末期成活雏鹅数}{入舍雏鹅数} \times 100\%$$

②育成鹅成活率　指育成末期成活鹅数占育雏末期入舍鹅数的百分比。鹅的育成期为 5～30 周龄。

$$育成鹅成活率 = \frac{育成末期成活鹅数}{育雏末期入舍鹅数} \times 100\%$$

5.饲料转化比　饲料转化比是衡量养鹅管理技术和品种性能的重要指标。不同品种的鹅饲料转化比不一样。即使同一个品种，不同的饲养管理方法，饲料转化比也有差异。一般情况下，饲料消耗越少越好。饲料转化比的计算方法如下：

(1)产蛋期料蛋比

$$产蛋期料蛋比 = \frac{产蛋期耗料量（千克）}{总产蛋重（千克）}$$

(2)肉用仔鹅料肉比

$$肉用仔鹅料肉比 = \frac{肉用仔鹅全程耗料（千克）}{总活体重（千克）}$$

6.产羽绒性能　羽绒是鹅的主要副产品，具有较高的经济价值，其主要衡量指标如下。

（1）烫煺毛产量　指鹅烫煺后的毛重量。一般测肉用仔鹅上市时或成年时烫煺毛产量。

（2）活拔毛产量　即活体拔羽绒的产量。这个指标要注明是1次活拔毛产量，还是1年活拔毛的产量。为了具有可比性，最好统一拔毛的部位，限于胸部、腹部、腿部、体侧、尾侧这几处，头、颈、翅膀、尾羽不拔。

（3）含绒率　在鹅的羽绒中，绒是最珍贵的部分。含绒率是羽绒中所含绒的重量比，计算公式如下：

$$含绒率 = \frac{绒的重量}{羽绒的总重量} \times 100\%$$

7.产肥肝性能　肥肝是鹅的一种高附加值的特殊产品。不同品种的鹅，肝内沉积脂肪的能力不同，大小也不一样，主要衡量指标如下。

（1）肥肝重　鹅用高能量饲料填肥结束后获取的新鲜肥肝的重量。产肥肝性能可用鹅群产的肥肝平均重表示，但必须标出最大肥肝重，以反映不同品种鹅的肥肝生产潜力。

（2）料肝比　反映饲料转化肥肝的能力，即生产单位重量肥肝所消耗的饲料重量。

二、鹅的选种方法

在养鹅生产中，选种就是选优去劣，选出既符合育种方向，又在主要性状上都很优秀，并且还能将优良的性状稳定遗传后代的公、母鹅个体。鹅性状的遗传物质是基因，目前在鹅的育种方面还不能达到对性状的基因型的准确选择，为此只能通过能够反映遗传信息的个体材料进行选种。例如，依据鹅个体的外貌与生理特征，本身和亲属记录资料等资料进行选择。

(一)根据体型外貌和生理特征选择

体型外貌和生理特征可以反映出种鹅的生长发育和健康状况,并可作为判断其生产性能优劣的参考依据。这是鹅群繁育工作中通常采用的简单易行、快速的选种方法,这种选择方法适合于生产商品鹅的种鹅,因为这种生产场的种鹅一般不进行个体的生产性能记录。外貌选择首先要求选择的种鹅符合品种特征,其次要考虑种鹅的生理特征。从遗传方面来说,选择不产生新的基因,仅使不符合要求的基因频率减少。种鹅的外貌选择最好从鹅出壳后就开始,因很多遗传性状,如长肉和羽毛生长速度等,在幼龄时就表现出来了,到成年时已无法测定。

1. 雏鹅的选择 一般要从2~3年的成年母鹅所产种蛋孵化出的雏鹅中挑选。在出壳12小时以内结合称重,把体重在平均数以上的,体质健壮,绒毛光泽好,腹部柔软无硬脐,血统清楚,符合品种特征的鹅雏,作为留种鹅雏。

2. 青年鹅的选择 宜在70~80日龄时进行,把生长发育良好(体重超过同群的平均体重),全身羽毛生长已丰满,体质健壮,留作后备种鹅。

3. 后备鹅的选择 一般在130日龄至开产前进行。

(1)母鹅的选择 选留的母鹅要求头部清秀,颈细长,眼大而明亮,身体长而圆,胸饱满,后躯深而宽,臀部宽广而丰满,肛门大而圆润,腿结实,脚高,两脚间距宽,蹼大而厚,羽毛紧密,两翼贴身,皮肤有弹性,两耻骨间距宽,耻骨与胸骨末端的间距宽阔,胫、蹼、喙色泽明显,行动灵活而敏捷,觅食力强,肥度适中。

(2)公鹅的选择 公鹅要求体型大,体质强健,各部器官发育匀称,肥度适度,头大宽圆,有雄相,眼睛灵活有神,喙长而钝,紧合有力,颈粗长。胸深而宽,背宽而长,腹部平整,体型长方形,尾稍上翘,胫较长且粗壮有力,两脚间距宽,蹼厚大,站立轩昂挺直,鸣叫洪亮。

当公鹅进入性成熟期,留作种用的公鹅必须认真而细致地进一步检查性器官的发育情况,选留阴茎发育良好,螺旋交配器长且粗,伸缩自如,性欲旺盛,精液品质优良的公鹅作种用。严格淘汰阴茎发育不良、阳痿的公鹅。

(二)根据本身和亲属记录资料选择

体型外貌和生产性能有密切关系,但毕竟不是生产性能的直接指标。为更准确地评定种鹅的生产水平,育种场必须做好鹅主要经济性状的观测和记录工作,并根据这些资料及遗传力进行更为有效的选种。若条件许可,最好进行综合评定。

对种鹅的选择可根据记录资料从以下4个方面进行。

1. 根据本身成绩进行选择　本身成绩是种鹅生产性能在一定饲养管理环境条件下,表现出该个体所达到的生产水平。因此,种鹅本身表型值的成绩优劣,可作为选留与淘汰的重要依据。

个体选择时,有的性状应向上选择,即数值大代表成绩好,如产蛋量、增重速度;有的性状应向下选择,即数值小代表成绩好,如开产日龄等。但是,个体本身成绩的选择,只适用于遗传力高的、能够在活体上直接度量的性状,如体重、蛋重等。个体选择的方法通常有3种。

(1)一次记录选择法　当被选个体同一性状只有一次记录,应先校正到相似标准情况下,然后按表型值顺序选优淘劣。

(2)多次记录的选择方法　当所有被选个体同一性状有多次成绩记录时,先把多次记录进行平均,然后按平均数进行排序选种。

(3)部分记录的选择方法　选择时可以使用早期、短期的成绩来代替全期成绩进行选种,这种方法可以加快世代进展。

2. 根据系谱资料进行选择　这种选择适合于尚无生产性能记

录的幼鹅、育成鹅或选择公鹅时采用。幼鹅或育成鹅尚不能肯定它们成年后生产性能的高低,公鹅本身不产蛋,只有查它们的系谱,通过比较其祖先生产性能的记录,用以推断它们可能继承祖先生产性能的能力。从遗传学原理可知,血缘关系愈近的,对后代的影响愈大。为此,在运用系谱资料选种鹅时,祖先中最主要的是父母,一般着重比较亲代和祖代即可。此外,应以生产性能、体型外貌为主做全面比较,同时也应注意有无近交和杂交情况,有无遗传缺陷等。在使用这种方法时,应尽量结合其他一些方法同时进行,使选种的准确率得以提高。

3. 根据同胞成绩选择　同胞可分为全同胞(同父、同母)和半同胞(同父异母或同母异父)两种亲缘关系。在选择种鹅,尤其是早期选择公鹅时,要鉴定种公鹅的产蛋性能,只能根据该种公鹅的全同胞或半同胞姐妹的平均产蛋成绩来间接估计。

对于一些遗传力低的性状(如产蛋量、生活力等),用同胞资料进行选种的可靠性更大。此外,对于屠宰率、屠体品质等不能活体度量的性状,用同胞选择就更有意义。但同胞测验只能区别家系间的优劣,而同一家系内的个体就难以鉴别好坏。

4. 根据后裔成绩选择　后裔就是指子女。按后裔成绩的选择主要应用于公鹅。采用这种方法选择出来的种鹅不仅可判断其本身是否为优良的个体,而且通过其后代的成绩可以判断它的优良品质是否能够真实稳定地遗传给下一代。依据后裔成绩选择种鹅历时较长,一般种鹅至少要饲养2年以上才能淘汰,可据此建立优秀家系,并使种公鹅得到充分利用。但由于后裔测定所需时间长,因而改进速度较慢。

后裔测定主要通过母女成绩对比对公鹅做出评价,或是对2只和2只以上的公鹅在同一时期分别与其他母鹅交配,后代在相同的饲养管理条件下饲养,根据其后代的性状来判断公鹅的优劣。

5. 家系选择与合并选择

（1）家系选择 即以整个家系（半同胞、全同胞、半同胞与全同胞混合同胞）为单位，根据家系平均值的高低进行留种和淘汰。这种方法适用于遗传力低、家系大、共同环境造成的家系间差异小的情况。

（2）合并选择 对家系均值及家系内偏差两部分经以不同程度最适当的加权，以便最好地利用两种来源的信息，称之为合并选择。理论上讲合并选择是获得最大选择反应的最好方法。

6. 根据综合指数进行选择 以上介绍的选择方法，都是对单个性状的选择，但在实际选种工作中，经常要同时对多个性状进行综合选择，如繁殖、生长速度、饲料利用率、品质等性状的综合选择。对于多个性状的选择，常采用综合选择指数法，即根据各自的相对经济重要性和遗传力以及性状间的遗传相关和表型相关，按遗传学原理构成一个统一的选择指数，而后根据多个个体的指数进行排序。

当同时选择几个不相关性状时，常用简化选择指数来进行选择。

$$I = \sum W_i h_i^2 P_i / \overline{P_i}$$

式中：I——简化选择指数；

　　　W_i——各性状的经济加权值；

　　　P_i——各性状的个体表型值；

　　　$\overline{P_i}$——各性状的群体均值；

　　　h_i^2——各性状的遗传力。

三、鹅的选配

选种是为了选出符合育种方向的个体。选配是让个体的品质更好地在后代身上合理表现,其主要作用,一是稳定遗传,二是创造必要的变异,因此选配是鹅育种工作中最为重要的一个环节。选配一般分为个体选配和种群选配。

(一)个体选配

个体选配是考虑交配双方个体品质对比和亲缘关系远近的一种选配方式。主要包括同质选配、异质选配和近交选配等。

1. 同质选配 具有相同生产性能特点和性状的或育种值相近的优秀双方个体的选配。同质选配的作用,主要使亲本的优良性状稳定地遗传给后代,使亲代的优良性状在后代得到进一步的保持和巩固。这种选配,只有在基因型是纯合子的情况下,才能产生相似的后代,如果交配的双方基因型都是杂合子,后代可能会分化。如果能准确判断具有相同基因型的交配,则可收到预期良好效果。

同质选配不良结果是群体内的变异性相对减少,但有时适应性和生活力可能有所下降,为了防止这种现象的出现,所以要加强选择,严格淘汰体弱或有遗传缺陷的个体。

2. 异质选配 具有不同生产性能特点和性状双方个体的选配。

异质选配可分两种情况:一种是选择有不同优异性状的公、母鹅交配,以期使两个优秀性状结合在一起,从而获得兼有双亲不同优点的后代;另一种是选同一性状,但优劣程度不同的公、母鹅交配,在后代中以一方的优秀性状取代另一方不理想的性状。

在养鹅生产中应用同质选配和异质选配,二者既相互区别,又互相联系,不能截然分开。有时以同质选配为主,有时则以异质选配为主。运用同质选配时,所选择的主要性状相似,次要性状可能是异质的;运用异质选配时,要求所选择的主要性状是异质的,次要性状可以是同质的。在鹅的繁育实践中这两种方法要经常密切配合,交替使用,只有这样才能不断地提高和巩固整个鹅群品质。

3. 近交　根据公、母鹅的亲缘关系进行的选配称为亲缘选配。公、母鹅的亲缘关系有近有远,有直系和旁系。与配公、母亲缘系数 R<1.56‰为远亲,R>6.25‰为近交。

(二)种群选配

"种群"指一个类群、品系、品种或种属等种用群体的简称。种群选配是根据与配双方隶属于相同或不同的种群进行的选配。种群选配分为纯种繁育与杂交繁育两大类,杂交繁育又进一步分为经济杂交和育种性杂交。

1. 纯种繁育简称"纯繁"　指在本种群范围内,通过选种选配、品系繁育、改善培育条件等措施,培育出许多独特的优良品系,然后进行品系间的交配。这种繁育方法,巩固了品种内遗传性,既保持本种群内的纯度和优良特性,达到提高和发展整个种群质量的目的,使优良品质得以长期保持,又迅速增加同类型优良个体的数量,使种群水平不断稳步上升。

纯种繁育,易出现近亲繁殖缺点,为此在繁殖过程中,可采取一些预防措施,如严格淘汰不符合理想要求的,生产力低,体质衰弱,繁殖力差和表现退化现象的个体;加强种鹅群的饲养管理,满足各类鹅群及其繁殖后代的营养和环境要求;为了避免近亲繁殖,每隔几年必须进行血缘更新等。

2. 杂交繁育简称"杂交"　是选择不同种群的个体进行配种。不同种群间的交配叫"杂交",不同品系间的交配叫做"系间杂交",不同种或不同属间的交配称"远缘杂交"。杂交所产生的后代叫做杂种。它与纯种繁育鹅群相比,杂种往往表现出生活力强,抗逆性、抗病力和繁殖力提高,饲料转化能力加强和生长速度加快,这种现象称杂种优势。根据杂交目的的不同,杂交类型通常有以下几种。

（1）级进杂交　又称改良杂交、改造杂交、吸收杂交，指用高产优良品种公鹅与低产品种母鹅杂交，所得的杂种后代母鹅再与高产的优良品种公鹅杂交，一般连续进行 3～4 代，就能迅速而有效地改造低产鹅的品种。当需要彻底改变某个品种或品系的生产性能或改变生产性能方向时，常用级进杂交。但采用级进杂交时应注意，如果想提高某个低产品种的生产性能或改变生产性能方向时一定要选择好合适的改良品种；对所引进的改良公鹅必须进行严格的遗传测定；杂交代数不宜过多，以免外来血缘比例过大，导致杂种对当地适应性下降。

（2）导入杂交　导入杂交就是在原有品种的局部范围内，引入不高于 1/4 的外血，以便在保持原有品种特性的基础上克服个别缺点。当原有品种生产性能基本上符合需要，局部缺点在纯繁下又不易克服，此时宜采用导入杂交。在进行导入杂交时应注意，第一要针对原有品种的具体缺点，进行导入杂交试验，确定导入种公鹅的品种；第二要对导入杂交种公鹅进行严格选择。

（3）育成杂交　指 2 个或更多的种群相互杂交，在杂种后代中选优固定，育成一个符合需要的品种。当原有品种不能满足需要，也没有任何外来品种能完全代替时，常采用育成杂交。进行育成杂交时应注意，要求外来品种生产性能好、适应性强；杂交亲本不宜太多，以防遗传基础过于混杂，导致固定困难；当杂交后出现理想型时应及时固定。

（4）简单的经济杂交　两个种群进行杂交，利用杂种优势进行商品鹅生产。如我国黑龙江省所饲养的籽鹅、豁眼鹅、当地白鹅均属小型鹅种，它们产蛋量高，受精率高，繁殖性能好，但产肉性能和肥肝性能差。相反，繁殖性能差的中型莱茵鹅产肉和肥肝性能都较好。现将黑龙江省畜牧研究所利用莱茵鹅与主要鹅品种进行经济杂交的效果介绍如表 4-3。

表 4-3 杂交试验仔鹅增重效果比较表 （单位：克）

品 种	初生	周 龄								鹅只数
		1	2	3	4	5	6	7	8	
莱茵鹅		289	748	1304	1894	2422	3260	3571	4097	149
当地白鹅	66.64	215	401	743	1070	1386	1573	1770	1839	22
莱×白鹅	74.35	216	488	909	1375	1782	2362	2706	3240	52
豁眼鹅	71.17	207	375	677	987	1295	1518	1732	1827	28
莱×豁	75.79	200	546	914	1408	1829	2206	2719	3221	88
籽 鹅	70.73	212	421	706	1082	1483	1630	1898	2011	42
莱×籽	75.23	237	512	864	1215	1628	2022	2449	3083	107

由表 4-3 可以看出，用莱茵鹅分别与当地白鹅、豁眼鹅、籽鹅杂交，分别比纯繁对照组多增重 1 401 克、1 394 克、1 072 克，杂交改进率分别为 76.67%、76.29%、53.26%。8 周龄的活重以莱茵鹅与黑龙江当地白鹅杂交效果最好。

杂交试验仔鹅饲料报酬见表 4-4。

表 4-4 杂交试验仔鹅饲料报酬比较表 （单位：克）

项 目	组 合						
	莱 茵	当地白鹅	莱×白	豁眼鹅	莱×豁	籽 鹅	莱×籽
样 本 数	149	22	52	28	88	42	107
8周龄体重	4097	1839	3240	1827	3221	2011	3083
饲料消耗		5150	6300	5150	6300	5150	6300
料肉比		2.8	1.944	2.818	1.956	2.561	2.043

从表 4-4 看出，8 周龄莱茵鹅与当地白鹅杂交仔鹅 8 周龄饲料转化率比纯繁当地白鹅下降 30.6%；莱茵鹅与豁眼鹅杂交后仔鹅比纯繁的豁眼鹅 8 周龄饲料转化率下降 30.59%；莱茵鹅与籽鹅

杂交后,8 周龄仔鹅比纯繁籽鹅的饲料转化率下降 20% 以上,其中以莱茵鹅与豁眼鹅杂交效果最好(表 4-5)。

表 4-5　屠宰时产绒性能比较表　(单位:克,%)

品　种	毛片重	羽绒重	含绒率
莱 茵 鹅	10400	46.34	30.8
白鹅×莱茵	89.00	34.20	27.8
当地白鹅	76.35	26.53	25.78

从表 4-5 看出,白鹅与莱茵鹅杂交的产绒量提高 7.67%,产绒率提高 2.02%。

通过上述不同种群杂交所获的杂种优势程度,是衡量杂种优势的一种指标,即配合力。配合力又称"结合力",是两个亲本的结合能力,杂交后代各有益经济性状表现好的为高配合力,表现差的为低配合力。配合力可分为一般配合力和特殊配合力。为此,在进行较大规模杂交之前,必须进行配合力测定。杂种优势产生的遗传基础是基因间的显性、上位、超显性等效应的综合结果,这些效应的大小取决于两个亲本个体纯合程度和亲本间遗传差异的大小。亲本品种各自的纯合度越高即两个品种间的遗传差异越大,杂种优势越明显。

(5)三元杂交　指 2 个种群的杂种一代(F_1)和第三个种群杂交(图 4-2),利用含有 3 个种群血缘的多方面的杂种优势进行商品鹅生产。在使用此方法时应注意:在三元杂交中,第一次杂交应注意繁殖性状;第二次杂交应强调生长等经济性状。

(6)生产性双杂交　是将 4 个种群分为 2 组,先各自杂交,在产生杂种后再进行第二次杂交(图 4-3)。

(7)品系杂交　三元和四元杂交的配套利用在杂交繁育体系的形式简述。

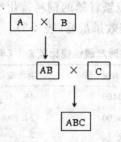

图 4-2 三元杂交示意图

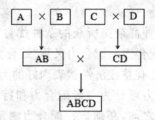

图 4-3 生产性双杂交示意图

四、鹅的良种杂交繁育体系

(一)鹅育种工作发展简史

鹅育种的发展与遗传学的发展过程紧密联系。在 20 世纪之前,由于遗传学还没有作为一门独立的科学出现,所以当时禽的育种工作(育成品种的标准)仅注重血缘的一致和典型的外貌特征,尤其注意鹅的体型、冠型、羽色(所考虑的基本上均属于容易加以固定而形成稳定特征的质量状)等进行选择育种,此阶段育成的标准(或地方品种)品种均属经验育种阶段的产物,强调的是品种的特征。而现代鹅种则是现代育种的结晶,不是凭空而来的,而是对标准品种(或是地方品种)的继承和发展。

20世纪初,随着人们对鹅生产价值的认识逐步提高,商业化养鹅生产的兴起,由此带动鹅的育种工作产生了本质变化,育种目标由注重体型外貌向经济性状(即从鹅的产肉性能向产肥肝、产蛋及产绒性能)转移。这一变化的产生,促使鹅的育种工作从经验阶段转变进入现代育种阶段。特别是遗传学(尤其是数量遗传学)理论的产生和发展,为鹅育种转型提供了重要的技术保证。经过半个多世纪的努力,鹅的遗传育种工作取得了辉煌的成就,尤其是良种杂交繁育体系的建立和推广,培育出许多生产性能卓越的优良禽种。

(二)鹅的良种杂交繁育体系

鹅的良种杂交繁育体系是将纯系选育、配合力测定以及种鹅扩繁等环节有机地结合起来形成的一套体系。鹅完善的良种杂交繁育体系形似一个金字塔,主要由两大部分组成(图4-4)。

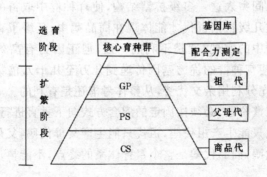

图4-4 良种杂交繁育体系示意图

1.选育(育种)阶段 此阶段是现代养鹅业繁殖体系中的核

心,是搞好良种繁育工作的重要基础,是一项技术性复杂、条件要求高、各个专业密切配合的工作,过程比较长,开支也比较大,处于金字塔顶的是鹅育种群,主要的选育措施都在这里进行,其工作成效决定整个系统的遗传进展和经济效益。

这个阶段利用当今现有的标准或地方品种所提供的基因库,选择适应生产需要的品种或品系,广泛采用现代遗传育种理论和先进的技术手段,进行多个纯系的选育或合成具有一定特点的专门化品系,经过配合力测定,筛选出生产性能最好的杂交组合,纯系配套进入扩繁阶段进行推广应用。

2.扩繁阶段　纯系以固定的组合配套形成曾祖代、祖代和父母代,最后通过父母代杂交产生商品代。在纯系内获得的遗传进展依次传递下来,最终体现在商品代,使商品代的生产性能得以提高。

扩繁阶段的首要任务是传递纯系的遗传进展,并将不同纯系的特长组合在一起,产生杂交优势,因此各代的合理组织和协调对于保证育种群遗传进展的顺利传递是很重要的。由于在育种群与商品鹅之间夹入这一多级扩繁结构,使育种群中取得的遗传进展必须通过几级扩繁世代才能体现在商品鹅中,延缓了育种成果在生产鹅群中的实现,这是不利的一面,但正因为有高效的扩群体系,才能使育种群的优秀基因传递到几万至几十万倍数目的商品鹅中,并充分利用杂交优势,从整体考虑还是有利的。

在扩繁阶段,必须按固定的配套方式向下垂直进行单向传递,即曾祖代只能生产祖代鹅,祖代只能生产父母代鹅,父母代只能生产商品代鹅,商品代鹅是整个繁育体系的终点,不能再作种用。

(三)杂交繁育体系的形式

杂交繁育体系根据参与杂交配套的纯系数目分为两系杂交、三系杂交和四系甚至五系杂交。

1. 两系杂交 这是最简单的杂交配套模式,见图 4-5 。两系配套体系是指从纯系育种群到商品代的距离短,因而遗传进展传递快。不足之处是不能在父母代利用杂交优势来提高繁殖性能,而且扩繁层次少,故供种量小。从经济利润考虑是不利的,因此大型育种公司不采用这种方式杂交,以三系和四系杂交最为普遍。

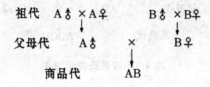

图 4-5 两系杂交示意图

2. 三系杂交 见图 4-6。三系配套时父母代母本是二元杂交,所以其繁殖性能可获得一定杂种优势,再与父系杂交仍可在商品代产生杂种优势,因此从提高商品代生产性能上讲是有利的。在供种数量上,母本经祖代和父母代二级扩繁,所以供种量可大幅度增加,而父系虽然只有一级扩繁,由于公鹅需要量本来就少,所以完全可以满足需要。因此,三系杂交是相对较好的一种配套形式。

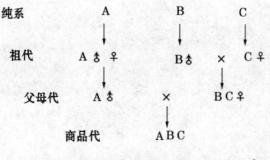

图 4-6 三系杂交示意图

3.四系杂交 这是用 4 个品系分别两两杂交,然后两个杂种间再进行杂交所组成的配套品系,这种配套通常称双杂交,其模式如图 4-7 。

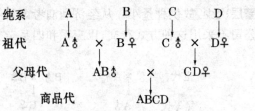

图 4-7 四系杂交示意图

从遗传学的角度来分析,参与配套的品系越多,其遗传基础就越广泛,杂交后代综合亲本的优良性状也越多,生产出的商品鹅杂种优势也更强。但参与配套的品系越多,势必增加品系培育、纯繁保种和杂交制种的投资。所以,从经济效益出发,三系杂交形式采用较为普遍。

第五章　鹅的营养与饲料

鹅与其他禽类一样,都具有体温高、代谢旺盛、呼吸频率与心跳快,性成熟与体成熟早,单位体重产品率高的生理特性,而且鹅还具有食草、耐粗饲的消化特点。但为了维持生命活动、生长发育、产蛋、肥育、产肥肝、生长羽毛等,需要各种营养物质。因此,必须了解和掌握鹅的营养需要和常用饲料的特点及营养成分,根据鹅的不同生理阶段的营养需要和本场的实际情况,配制科学合理的日粮配方,达到提高生产水平、降低饲料成本、增加经济效益的目的。

一、鹅的营养需要

鹅的营养需要通常分为能量、蛋白质、矿物质、维生素和水 5大类。

(一)能　量

1. 能量对鹅机体的生理功能　能量是鹅生理活动的物质基础,包括鹅的呼吸、血液循环、消化吸收、排泄、神经活动、体温调节、生殖、运动、生长发育和生产产品等都离不开能量。鹅需要的能量主要来源于饲料中的碳水化合物、脂肪和蛋白质等营养物质。

鹅的能量 75%来源于饲料中的碳水化合物。碳水化合物有两种,即无氮浸出物(糖和淀粉)和粗纤维。无氮浸出物在谷实、块根块茎中含量丰富,易被鹅消化吸收,营养价值较高,是鹅能量的主要营养来源。

粗纤维又称难溶性的碳水化合物,其主要成分是纤维素、半纤维素和木质素,秸秆秕壳中含量较多,较难消化吸收。鹅与其他家禽相比,消化粗纤维的能力较强,但日粮中粗纤维含量不可过高,否则会加快食物通过消化道的速度,严重影响其他营养物质的消化吸收;但也不能过低,粗纤维含量过低不仅影响鹅的胃肠蠕动,也会妨碍饲料中各种营养成分的消化吸收,甚至发生啄癖。一般要求雏鹅日粮中粗纤维含量不超过 6%,中鹅期至出栏不要超过8%,种鹅日粮中粗纤维不超过 10%。

脂肪与碳水化合物一样,在鹅体内分解后产生热量,用以维持体温和供给鹅体内各器官活动所需能量,其能量是碳水化合物或蛋白质的 2.25 倍。脂肪是体细胞的组成成分,是合成某些激素的原料,尤其是生殖激素需要胆固醇作原料。脂溶性维生素 A、维生素 D、维生素 E、维生素 K 必须以脂肪作溶剂在体内运输。当日粮中脂肪不足时,会影响脂溶性维生素的吸收,导致生长迟缓、性成熟延迟,产蛋率下降。但日粮中脂肪过多,会引起食欲不振,消化不良和腹泻。由于一般饲料中都有一定数量的粗脂肪,而且碳水化合物也有一部分在体内转化为脂肪,因此一般不会缺乏,所以不必专门补充,否则鹅过肥影响产蛋。但生产鹅肥肝时,日粮中必须添加适量脂肪。

当鹅日粮中碳水化合物和脂肪的含量不能满足鹅体需要的能量时,日粮中的蛋白质才被分解供能,但其能量利用的效率不如碳水化合物和脂肪,既不经济,还会增加肝、肾负担。

2. 能量单位　能量单位过去均以卡(cal)、千卡(K cal)、兆卡(M cal)计算,现在统一以焦(J)、千焦(KJ)、兆焦(MJ)为能量计算单位。卡与焦耳、千卡与千焦、兆卡与兆焦它们之间比例为1∶4.184。

饲料(日粮)中各种营养物质的热能总值称为饲料(日粮)总能。饲料(日粮)中各种营养物质在鹅的消化道内不能被全部消化吸收,不能消化吸收的物质随粪便排出,粪中也含有能量,食入饲料(日粮)的总能量减其粪中能量,才是被鹅消化吸收的能量,此能量称为消化能。食物在肠道消化时还会产生以甲烷为主的气体,被吸收的养分有些也不被利用而从尿中排出体外,这些气体和尿中排出的能量未被鹅体利用。饲料消化能减去气体能和尿能,余者是代谢能。

(二)蛋 白 质

蛋白质是鹅的生命基础,是鹅体组织和器官的主要成分,参与各组织和器官的增长、修补和更新;精子和卵子的生成需要蛋白质参与;新陈代谢过程中所需要的酶、激素、色素和抗体等也都由蛋白质构成。所以,蛋白质是其他任何养分不能代替的重要营养物质,对维持鹅的正常生理功能、生命活动和生产、健康均具有重要的价值。

鹅摄食饲料中的蛋白质后,被胃和肠道中的消化酶分解成氨基酸而被鹅体吸收和利用,因此蛋白质的营养实质上是氨基酸的营养,或者说鹅对蛋白质的需要,实质上就是对氨基酸的需要。日粮中如果缺少蛋白质,会影响鹅的生长、生产和健康,甚至引起鹅生病和死亡。相反,日粮中蛋白质过多也是不利的,不仅造成浪费,而且会引起鹅体代谢紊乱,出现中毒等。

蛋白质的结构非常复杂,由 20 多种氨基酸排列组合而成。氨基酸可分为必需氨基酸和非必需氨基酸。

1. 必需氨基酸　必需氨基酸指动物自身不能合成,或虽能合成但不能满足动物机体的需要,必须从饲料中获取的氨基酸。主要有赖氨酸、蛋氨酸、色氨酸、组氨酸、精氨酸、苏氨酸、亮氨酸、异亮氨酸、苯丙氨酸、缬氨酸;雏鹅除上述外还需胱氨酸、半胱氨酸、酪氨酸。其中尤以赖氨酸和蛋氨酸在饲料中特别缺乏。

动物对各种氨基酸的需要是不完全相同的,而且要求氨基酸之间保持一定的比例,当其必需氨基酸达不到比例的要求量,其他含量高的氨基酸的利用也受到限制。因此,在给鹅配制日粮时必须考虑到各种氨基酸的含量,否则将造成不必要的浪费。

2. 非必需氨基酸　是指动物体内可以合成或需要量较少,不必从饲料中取得的氨基酸。

(三)矿 物 质

矿物质又称无机盐或灰分。矿物质是鹅体的骨骼、蛋壳、羽毛、血液等组织不可缺少的重要组成成分;具有调节机体的渗透压、酸碱度、氧的运输、酶的激活、维持正常体温、消化液分泌等功能;是保证鹅正常生长、发育、健康,进行代谢活动不可缺少的营养物质。鹅需要的矿物质元素有钙、磷、钠、钾、氯、镁、硫、铁、铜、钴、碘、锰、锌、硒等,其中前 7 种是常量元素(占体重 0.01% 以上),后 7 种是微量元素(占体重 0.01% 以下)。日粮中矿物质元素含量过多或缺乏都可能产生不良后果。

1. 钙　钙是骨骼和蛋壳的主要成分,它可促进血液凝固,与钠、钾一起维持机体内的酸碱平衡,对维持正常心脏功能有重要作用;钙是维持神经、肌肉正常功能所必需的。缺乏时雏鹅易患骨软症、佝偻病,肌肉强直性痉挛;成鹅产蛋量减少,蛋壳变薄,产软皮蛋。但钙过多也会影响雏鹅生长和锰、锌等矿物质元素的吸收。鹅日粮中的钙需要量:雏鹅 1.0%;种鹅 3.2%～3.5%。钙在一般谷物、糠麸中含量很少,要注意补充。

2. 磷　磷是骨骼成分,也是酶的成分,参与脂肪和碳水化合物的代谢。磷是细胞的重要成分,能维持体液的酸碱平衡。缺乏时易患佝偻病,食欲不振,生长缓慢、消瘦、跛行,血中磷含量低时,会出现异嗜癖。一般鹅日粮中总磷的需要量为 0.7%～0.75%。谷物子实、饼类,特别是糠麸中含磷较多。

钙与磷有密切关系,二者必须按适当比例才能被吸收利用。一般雏鹅以 1.2～1.5∶1 为宜,种鹅以 4.5～5.5∶1 为宜。

3. 钠、氯、钾 三者对维持鹅体内酸碱平衡,细胞渗透压和水分代谢起重要作用。食盐是钠、氯的主要来源,它能改善饲料的适口性,如果缺乏可导致消化不良,食欲减退,啄肛、啄羽,生长缓慢,消瘦,生产力下降;摄入量过多,轻者饮水量增加,便稀,重者会导致食盐中毒甚至死亡。钾缺乏时,鹅肌肉弹性和收缩力降低,肠道易膨胀。在热应激条件下,易出现低钾血症。

4. 镁 镁是骨中成分,酶的激活剂,除此之外具有抑制神经兴奋性功能。缺乏时肌肉痉挛,神经过敏,步态蹒跚,生长受阻。

5. 硫 硫对鹅体内蛋白质的合成、碳水化合物的代谢和许多激素、羽毛的形成均有重要作用。微量元素添加剂多是硫酸盐形式,当在鹅的饲粮配制过程中使用这些添加剂时,鹅不会缺硫。日粮中缺乏胱氨酸和蛋氨酸时,易造成缺硫。缺硫会造成食欲减退,掉毛,啄羽,生长缓慢。

6. 铁、铜、钴 铁参与血红蛋白的形成,是各种氧化酶的组成物质,与血液中氧的运输和血红细胞生物氧化过程有关。缺乏时,会发生营养性贫血;过量时,鹅采食量减少,体重下降并干扰磷的吸收。

铜是许多酶的成分,它能促进铁的吸收和血红蛋白的形成,促进钙、磷在骨中的沉积及促进色素在毛上沉积等。缺乏时贫血,骨质疏松,羽毛生长不良,发育不良;过量时易出现溶血症。

钴是维生素 B_{12} 的重要原料。日粮中缺乏钴时,不仅会影响肠道微生物对维生素 B_{12} 的合成,而且会导致鹅生长迟缓和恶性贫血。

7. 锰 锰是多种酶的激活剂,对钙、磷、碳水化合物及脂肪代谢有关,锰是鹅的生长和繁殖所必需的微量元素。缺乏时腿骨粗短,踝关节肿大,骨变形,母鹅产蛋量减少,孵化率降低,薄壳蛋和软皮蛋增加;摄入量过多则影响钙、磷的利用率,易引起贫血。

8. 碘 碘是甲状腺素的主要成分。缺乏时甲状腺肿大,会患侏儒症。

9. 硒　硒是谷胱甘肽酶的组成成分,能保护细胞膜的完整性。缺乏时胰腺变形,肌肉营养不良,渗出性素质。

10. 锌　锌是多种酶的成分,参与蛋白质的合成,对碳水化合物的代谢及钙、磷吸收有关;锌还是胰岛素的成分。缺乏时食欲减退,生长受阻,骨骼、羽毛生长不良,种鹅蛋壳变薄,甚至产软皮蛋。

(四)维 生 素

维生素是一组化学结构不同,营养作用、生理功能各异,又不能相互代替的低分子有机化合物。它既不供给鹅体能量,也不是鹅体组织储存的物质,虽然鹅体需要的维生素量甚微,但其生理功能极大;主要以辅酶和催化剂的形式广泛参与体内多种生物代谢,从而保证机体组织、器官的细胞结构、功能正常。缺乏时会造成体内代谢紊乱,鹅生长受阻,生产性能下降,甚至死亡。

鹅所需要的维生素有多种,其中包括脂溶性维生素(维生素E、维生素D、维生素K、维生素A)和水溶性B族维生素9种和维生素C。各自功能及缺乏症简述如下:

1. 维生素A　维生素A是鹅视网膜上特殊的物质(视紫质),维生素A参与动物体内黏多糖的合成,对保护黏膜上皮组织和神经组织的正常功能具有重要作用。缺乏时鹅易失明,雏鹅消化不良,羽毛蓬乱无光泽,生长缓慢;母鹅产蛋量和受精率下降,胚胎死亡率高、易患干眼病和呼吸道疾病。

2. 维生素D　维生素D参与钙、磷代谢,调整肠道钙、磷比例,促进钙、磷的吸收,是骨骼钙化所必需的营养素。缺乏时雏鹅生长缓慢、羽毛松散、易发生骨软化症、关节变形、肋骨弯曲,甚至佝偻病;成鹅产蛋率和孵化率下降。

3. 维生素E　维生素E与矿物质元素硒共同保持细胞膜的完整性,同时维生素E是生育酚,还是一种抗氧化剂。雏鹅体内缺乏维生素 E 时易发生渗出性素质病,皮下水肿和血肿;成鹅繁殖功能紊乱,产蛋和受精率下降,胚胎死亡率高。

4. 维生素 K 维生素 K 对血液凝固起重要作用。缺乏时易使皮下出血形成紫斑,受伤后血液不易凝固。

5. B 族维生素 包括维生素 B_1、维生素 B_2、维生素 B_3、维生素 B_4、维生素 B_5、维生素 B_6、维生素 B_7、维生素 B_{11}、维生素 B_{12}。

(1)维生素 B_1(硫胺素) 硫胺素为许多细胞酶的辅酶,参与碳水化合物代谢,维持神经组织和心肌正常功能。缺乏时易发生多发性神经炎,头向后仰,羽毛蓬乱,食欲减退,消化不良,生长发育缓慢。

(2)维生素 B_2(核黄素) 核黄素主要构成细胞黄酶辅基,黄酶辅基主要参与鹅体能量、蛋白质和脂肪的合成与分解,对机体内的氧化还原、调节细胞呼吸起重要作用。缺乏时,雏鹅生长不良,腿软,有时以关节触地走路,趾向内侧卷曲;成鹅产蛋少,种蛋孵化率降低。

(3)维生素 B_3(泛酸) 泛酸是辅酶 A 的组成成分,与碳水化合物、脂肪和蛋白质代谢有关。缺乏时生长受阻,羽毛粗糙,食欲下降,骨粗短,喙和肛门周围有坚硬痂皮。

(4)维生素 B_4(氯化胆碱) 胆碱作为卵磷脂的成分参与脂肪代谢,作为乙酰胆碱的成分则与神经冲动的传导有关。维生素 B_4 不足则引起脂肪代谢障碍,使鹅易患脂肪肝,发生骨短粗症,共济运动失调,产蛋率下降。

(5)维生素 B_5(烟酸) 烟酸是某些酶类的重要成分,与碳水化合物、脂肪和蛋白质代谢有关,缺乏时易发生舌、口腔黏膜和食管上皮发炎;雏鹅食欲不振,生长停滞,羽毛粗糙,跗关节肿大,腿骨弯曲;蛋鹅羽毛脱落,产蛋量减少,种蛋孵化率降低。

(6)维生素 B_6(吡哆酸) 吡哆酸在鹅机体内氨基酸脱羧反应和氨基换位过程中起辅酶作用。缺乏时雏鹅表现食欲不振,生长缓慢,中枢神经紊乱,从兴奋至痉挛。成鹅体重下降,产蛋量和种蛋孵化率下降。

(7)维生素 B_7(生物素) 生物素是鹅机体内中间代谢过程中催化羧化作用的多种酶的辅酶,广泛参与各种有机物的代谢。缺乏时鹅喙、趾发生皮炎,生长速度降低,种蛋孵化率降低,胚胎畸形。

(8)维生素 B_{11}(叶酸) 叶酸以辅酶的形式参与嘌呤、嘧啶、胆碱的合成,对正常血细胞的形成有促进作用。缺乏时生长发育不良,羽毛生长不良,贫血,种蛋孵化率和产蛋率下降。

(9)维生素 B_{12} 维生素 B_{12} 含 4.5% 金属钴,所以又称为氰钴胺。维生素 B_{12} 与叶酸的作用互相关联,以钴酰胺辅酶形式参与蛋白质、碳水化合物和脂肪的代谢,能提高机体的造血功能和日粮中蛋白质的利用率。缺乏时雏鹅生长停滞、贫血,羽毛蓬乱;种鹅产蛋和孵化率降低。

6.维生素 C 维生素 C 是一种抗坏血酸物质,具有增强机体的免疫功能,缺乏时易患坏血病,出血和贫血,适应性和抗病力下降。

维生素的计量单位以每千克中含有毫克或微克表示,有的则以国际单位(IU)表示。

(五)水

水是鹅体的主要组成部分(鹅体内约含水 70%,鹅肉中含水 77%,鹅蛋含水 70.4%),主要分布于体液、淋巴液、肌肉组织中,对鹅体正常的物质代谢有着特殊作用,是鹅体生命活动过程不可缺少的。水是各种营养物质的溶剂,鹅对各种营养物质的消化、吸收、代谢废物的排出、血液循环、体温调节都离不开水。如果失去所有的脂肪和一半蛋白质鹅仍能活着,但失去体内 1/10 水分便会死亡。因此,在鹅的饲养过程中必须把水作为重要的营养物质对待,否则将给生产带来重大损失。

二、种鹅常用的饲料

种鹅常用的饲料种类很多,按其性质一般分为能量饲料、蛋白质饲料、青绿多汁饲料、粗饲料、矿物质饲料、维生素饲料和添加剂饲料。

(一)能量饲料

凡是干物质中粗纤维含量在 18% 以下、粗蛋白质在 20% 以下的饲料都称为能量饲料。这类饲料主要包括谷实类和其加工副产品及动植物油脂类等,在配合饲料中能量饲料所占比例通常在 60% 左右。

1. 谷实类 鹅常用谷实饲料的营养成分见表 5-1。

表 5-1 鹅常用谷实类饲料的参考营养成分

饲　料	水　分（%）	代谢能（兆焦/千克）	粗蛋白质（%）	粗纤维（%）	钙（%）	磷（%）	蛋氨酸（%）	赖氨酸（%）
大　麦	11.2	11.20	10.8	4.7	0.12	0.29	0.11	0.45
小　麦	8.2	12.87	12.1	2.4	0.07	0.26	0.23	0.32
燕　麦	9.7	11.29	11.6	8.9	0.15	0.33	0.20	0.30
小　米	13.4	14.04	8.9	1.3	0.05	0.32	0.23	0.14
糙　米	13.0	13.96	8.8	0.7	0.04	0.25	—	—
碎　米	12.0	14.09	8.8	1.1	0.04	0.23	—	—
稻　谷	9.4	10.66	8.3	8.5	0.07	0.28	0.12	0.32
玉　米	11.6	14.04	8.6	2.0	0.04	0.21	0.10	0.28
高　粱	10.7	13.00	8.7	2.2	0.09	0.28	0.13	0.25
粟	8.1	10.12	9.7	7.4	0.06	0.26	0.24	0.20

在鹅常用的谷实类饲料中,玉米是公认的饲料之王,是鹅主要的能量饲料,它含能量高(代谢能达 14.04 兆焦/千克),粗纤维少,适口性好,价格适中,一般在鹅的日粮中占 50％～70％,含粗蛋白质较低(8.6％),必需氨基酸含量少,特别是赖氨酸、色氨酸和蛋氨酸;玉米含钙少,磷也偏低,饲喂时注意补钙,但玉米中含较多的胡萝卜素,有益于蛋黄和皮肤着色。玉米粉容易滋生黄曲霉菌而变质,保存时不粉碎为好。

　　2. 糠麸类　鹅常用糠麸类饲料及其营养成分见表 5-2。

表 5-2　鹅常用糠麸类饲料参考营养成分

饲料	水分 (％)	代谢能 (兆焦/千克)	粗蛋白质 (％)	粗纤维 (％)	钙 (％)	磷 (％)	蛋氨酸 (％)	赖氨酸 (％)
大麦麸	13.0	8.19	15.4	5.7	0.33	0.48	0.18	0.42
小麦麸	11.4	6.52	14.4	9.2	0.18	0.78	0.15	0.61
玉米皮	11.8	6.56	9.7	9.1	0.28	0.35	0.14	0.29
米　糠	9.8	10.91	12.1	9.2	0.14	1.04	0.25	0.63
高粱糠	8.9	9.66	4.0	4.0	—		0.28	0.38
稻　糠	13	7.21	9.0	15.8	0.152	0.49	0.12	0.36

　　大麦麸、小麦麸含能量低,B 族维生素、锰、钙和蛋白质含量较高、适口性好,是鹅的常用饲料;但含粗纤维多,质地疏松,体积大,具有轻泻作用,故用量不宜过多。

　　米糠是稻谷加工后的副产物,其成分随加工大米精白的程度而有显著差异。含能量低,粗蛋白质含量高,富含 B 族维生素,多含磷、锰、镁,少含钙,粗纤维含量高。由于米糠含油脂较多,久贮易变质。

　　3. 根茎、瓜类　用作饲料的根茎、瓜类饲料主要有马铃薯、甘薯、南瓜、胡萝卜、甜菜等。这一类饲料含水量高(70％～90％),无氮浸出物、易消化的淀粉含量高,其干物质中的能值近似谷实类,粗纤维和粗蛋白质含量低(表5-3)。

表5-3　鹅常用的根茎、瓜类饲料参考营养成分

饲　料	水　分 (%)	代谢能 (兆焦/千克)	粗蛋白质 (%)	粗纤维 (%)	钙 (%)	磷 (%)
胡萝卜	87.95	0.1464	1.14	1.74	0.28	0.02
南　瓜	84.4	0.1431	2.0	1.8	0.04	0.02
马铃薯	81.1	0.1389	1.9	0.6	0.02	0.04
甘　薯	75	0.1473	1.0	0.9	0.13	0.05
甜　菜	85	0.1293	2.0	1.7	0.06	0.04

注:根茎、瓜类饲料也可算多汁饲料。

4. 油脂类　油脂类是油和脂的总称。在室温下呈液态的称为"油",呈固态的称为"脂",随着温度的变化,两者形态可以互变,但其本性未变。

油脂来自于动植物,是高热量来源(其发热量为碳水化合物或蛋白质的 2.25 倍),是必需脂肪酸的重要来源之一,能促进脂溶性维生素的吸收;但油脂受光、热、湿、空气或微生物的作用会变质。

(二)蛋白质饲料

饲料干物质中粗蛋白质含量在20%以上(含20%)、粗纤维素含量在18%以下(不含18%)的饲料。蛋白质饲料可分为植物性蛋白质饲料、动物性蛋白质饲料和单细胞蛋白质饲料。

1. 鹅常用的植物性蛋白质饲料

(1)大豆粕(饼)　大豆因榨油方法不同,其副产物可分为豆粕和豆饼两种类型,粗蛋白质含量高达 40%～45%,赖氨酸含量高(2.2%～2.8%),适口性好,蛋氨酸和胱氨酸含量偏低。经过加热处理的豆粕(饼),是鹅最好的植物性蛋白质饲料。生豆粕(饼)含

有胰蛋白酶抑制因子,血细胞血凝素、皂角素和尿素酶等抗营养因子,前者阻碍蛋白质的消化吸收,后者则是两种有害物质,因此鹅不能喂生豆饼。大豆制油时应适当加热处理,使上述有害物质失去活性。但加热又不能过度,否则会使赖氨酸、精氨酸、色氨酸和组氨酸遭到破坏。

因生豆饼中含大量脲酶,在生产中通过检查脲酶活性高低来判定豆饼的生熟程度。生豆饼中脲酶活性在 0.35～0.55 为最佳,脲酶活性在 0.55 以上需加热后再用,脲酶活性在 0.25 以下说明豆饼加热过度。

由于豆粕(饼)含蛋氨酸量低,在使用时最好搭配一些动物性蛋白质饲料或添加适量的蛋氨酸,使用效果会更好。

(2)菜籽饼　菜籽榨油后得到的副产物,含粗蛋白质 30% 以上。菜籽饼约含 3% 单宁酸,有苦涩味,适口性差。另外,菜籽饼含芥子苷,经芥子酶水解为促甲状腺肿大的异硫氰酸酯和噁唑烷硫酮等有毒物质,当这类毒素加热至 100℃ 便被破坏。未去毒菜籽饼在鹅日粮中用量限制在 5% 左右。

(3)葵花饼　葵花饼有带壳和脱壳两种。优质的脱壳葵花饼含粗蛋白质 40% 以上,粗脂肪 5% 以下,粗纤维 10% 以上,可代替部分豆饼喂鹅。

(4)棉仁饼　棉籽脱壳榨油的副产物,含粗蛋白质 35%～40%,精氨酸含量高,蛋氨酸和赖氨酸含量低。棉籽饼含有毒物质棉酚,未经去毒的棉仁饼在鹅日粮中用量限制在 5% 左右,一般不会中毒。简易去毒方法是将棉籽饼加热或加入 0.5% 硫酸亚铁,可降低棉酚的毒害作用。

(5)花生仁饼　含粗蛋白质高达 40% 以上,适口性比大豆粕好,精氨酸和蛋氨酸含量高,赖氨酸含量低。但因花生饼含脂量达 5%～8%,容易氧化酸败并易受曲霉菌污染,故不宜贮存过久。花生饼代替豆饼喂鹅时,注意补充赖氨酸和蛋氨酸。

（6）亚麻籽饼　亚麻籽饼粗蛋白质含量在 $29.1\%\sim38.2\%$，高的可达 40% 以上，赖氨酸含量少，仅为豆粕的 $1/3$，含有丰富的维生素，尤以胆碱含量多，而维生素 D 和维生素 E 含量少；此外，它含有较多的果胶物质和遇水膨胀而能滋润肠壁的黏性液体，是雏鹅、弱鹅、病鹅的良好饲料。亚麻籽饼虽然含有毒素，但在鹅的日粮中搭配 10% 的亚麻籽饼不会发生中毒。

2. 动物性蛋白质饲料

（1）鱼粉　鱼粉是最优良的动物性蛋白质饲料，粗蛋白质含量 $50\%\sim65\%$，富含鹅所需要的各种必需氨基酸，富含 B 族维生素（特别是维生素 B_{12}）和维生素 A，钙、磷、铁等含量高。用它来补充植物性饲料中限制性氨基酸的不足，效果很好。鱼粉脂肪含量高，贮存中易受热发生脂肪酸败。由于鱼粉的价格较高，掺假现象较多（如掺尿素、红土、饼粕等），使用时应仔细辨别和化验。使用鱼粉时注意盐分含量，严防因含盐量高而导致食盐中毒。

（2）血粉　血粉是屠宰场的一种下脚料，粗蛋白质含量高达 80%，因加工时需高温，故使蛋白质消化利用率低，溶解性差。血粉含铁高，钙、磷少，适口性差，日粮中不宜多用，通常占日粮 $1\%\sim3\%$。

（3）肉骨粉　肉骨粉原料来源于屠宰场，肉品加工厂的下脚料，非传染性疾病死亡的动物躯体，经干燥粉碎制成的。其营养价值随骨骼比例增加而降低，使用前必须了解肉骨粉产品的成分。一般粗蛋白质含量为 $20\%\sim50\%$，矿物质含量较高，但适口性差，易变质，不易保存。一般用量不超过 5%，否则影响食欲。

（4）羽毛粉　由各种家禽的羽毛，经高压加热水解法、酸碱水解法、微生物发酵或酶处理法、膨化法等制作的羽毛粉，粗蛋白质含量高达 80%，含胱氨酸高，但蛋氨酸、赖氨酸、色氨酸和组氨酸含量低，使用时要注意氨基酸平衡。羽毛粉适口性差，鹅日粮用量一般控制在 3% 左右。

3.单细胞蛋白质饲料　单细胞生物产生的细胞蛋白质称为单细胞蛋白,由单细胞生物个体组成的蛋白质含量较高饲料,称为单细胞蛋白饲料。在生产实践中应用最广泛的是饲料酵母,即将酵母繁殖在适当的饲料中,而制成的饲料称饲料酵母。饲料酵母属于单细胞蛋白质。粗蛋白质含量可达40%～50%,赖氨酸含量丰富,但缺乏蛋氨酸等含硫氨基酸。酵母富含B族维生素。酵母还有未知生长因子,可用饲料酵母代替部分鱼粉,但必须注意补充蛋氨酸。酵母蛋白质中尿酸的含量较高,用它饲喂鹅要限制喂量,一般占日粮3%～5%为宜。

鹅常用蛋白质饲料参考营养成分见表5-4。

表5-4　鹅常用蛋白质饲料参考营养成分表

饲　料	水　分（%）	代谢能（兆焦/千克）	粗蛋白质（%）	粗纤维（%）	钙（%）	磷（%）	蛋氨酸（%）	赖氨酸（%）
豆　饼	13	11.04	43	5.7	0.32	0.50	0.57	2.74
棉籽饼	7.8	8.15	33.8	15.1	0.31	0.64	0.41	1.15
大豆粕	13	9.83	46	3.9	0.31	0.61	0.56	2.45
菜籽饼	7.8	8.44	36.4	10.7	0.73	0.95	0.56	1.83
花生仁饼	10.0	12.25	43.9	5.3	0.25	0.52	0.58	1.56
鱼　粉	10.7	9.99	50.5	0.9	0.30	0.23	0.68	7.79
秘鲁鱼粉	11.0	12.12	62.0	1.0	3.91	2.90	1.65	4.35
肉骨粉	10.0	11.70	53.4	2.5	5.54	3.01	0.67	2.60
血　粉	10.7	10.25	82.8	0.7	0.29	0.31	0.68	7.07
酵　母	8.3	9.16	41.3	——	2.2	2.92	1.73	2.32
葵仁饼	7.4	9.7069	41	11.8	0.43	1.0	1.6	2.0
葵籽饼	6.7	9.414	35	22.4	0.37	0.85	0.64	1.4
棉仁饼		9.498	41		0.17	0.97	0.55	1.59
亚麻仁饼	12	7.89	32.2	7.8	0.39	0.38	0.46	0.72

续表 5-4

饲料	水分(%)	代谢能(兆焦/千克)	粗蛋白质(%)	粗纤维(%)	钙(%)	磷(%)	蛋氨酸(%)	赖氨酸(%)
亚麻仁粕	12	7.95	34.8	8.3	0.42	0.95	0.55	1.16
玉米胚芽饼	12	7.6	16.7	6.3	0.04	0.55	0.31	0.70
玉米胚芽粕	10	6.99	20.8	6.5	0.06	0.65	0.21	0.75

(三)鹅常用的青绿多汁饲料

青绿多汁饲料种类繁多,如人工栽种的高产优质牧草和青绿饲料、天然草地生长的野生牧草和野菜;河、湖中生长的各种水草及萍藻类;绿树叶及农作物和蔬菜等。它们来源广泛,成本低廉,是饲养鹅最主要、最经济的饲料。

1.青绿多汁饲料的营养特点 青绿多汁饲料干物质中粗蛋白质含量较高,品质好;含粗纤维少,消化率较高;柔嫩多汁,适口性好;维生素含量丰富,钙、磷比例适宜。但青绿饲料一般含水量较高,干物质含量少,有效能值低,因此放牧饲养鹅时,注意适当补充精饲料。

2.饲喂青绿饲料注意事宜

(1)青绿饲料在使用前应进行调制 如清洗、切碎或打浆,这样有利于采食和消化。

(2)避免有毒物质的影响

①防止亚硝酸盐中毒 青绿饲料中含有硝酸盐,堆放过久时在微生物作用下可将硝酸盐还原成亚硝酸盐,鹅食后会引起中毒。

②防氢氰酸中毒 高粱、玉米、苏丹草幼苗均含有氰苷(羟氢基),鹅食后在酶作用下会产生具有强烈毒性的氰氢酸,不能喂鹅。

③其他有害物质 甜菜茎叶含草酸量大;马铃薯叶含龙葵素;草木樨含双豆素;蓖麻含蛋白毒素;水生植物易浮存寄生虫、农药;

荞麦含叶红素。利用时必须限量。

(3)适时刈割 青绿饲料在不同生长期,其养分的含量及对鹅的消化率是有影响的,所以要适时刈割。

青绿饲料营养成分见表5-5。

表5-5 部分青绿多汁饲料的参考营养成分

名 称	水 分 (%)	粗蛋白质 (%)	粗脂肪 (%)	粗纤维 (%)	无氮浸出物 (%)	粗灰分 (%)	钙 (%)	磷 (%)
稻 草	90.2	1.4	0.6	1.2	4.4	2.2	0.15	0.04
麦 草	85.8	1.3	0.7	7.6	3.3	1.3	0.13	0.04
三叶草	88.0	3.1	0.4	1.9	4.7	—	0.13	0.04
狗尾草	89.9	1.1		3.2				
苦荬菜	90.3	2.3	1.7	1.2	3.2	1.9	0.34	0.12
野青草	84.29	3.55	0.64	2.54		—	0.34	0.12
小叶草	82.4	4.1	0.63	5.4	8.85	2.17	—	—
羊 草	71.4	3.49	0.82	8.2	14.6	1.4	—	—
苜蓿草	70.8	4	0.8	11.7	8.6		0.49	0.09
甜菜叶	89	2.7		1.1			0.06	0.01
水稗草	81.5	3		5				
白 菜	95.5	1.1	0.2	0.7	—	—	0.25	0.07
甘 蓝	90.6	2.2	0.3	1.0	5.0	0.9	—	—
绿 萍	87.0	1.5	0.22	1.8	8.5	1.8	—	—
水浮莲	94.0	1.35	0.21	0.61	1.09	1.39	—	—
榛叶草	74.2	5.6	5.8	3.8	8.9	1.7		
柞 叶	69.0	1.8	0.87	3.1	8.2	0.3		
榆 叶	60.3	7.0	3.5	3.3	20.5	5.4		
青刈玉米	88.85	3.45	0.69	2.41	3.17	1.43		

3.鹅喜食的主要人工牧草栽培技术 鹅喜食的几种主要人工牧草有苦荬菜、青刈玉米和鹅头稗。

(1)苦荬菜 苦荬菜是一种喜温、耐寒、喜光、喜肥、抗旱、抗碱、适应性和再生力强，耐涝性差的作物；它生长快、高产、适口性好、营养丰富，是鹅喜食的优质青绿多汁饲料。在黑龙江1年刈割2～3次，每667米²产鲜草4 000千克以上。

①整地、施肥 苦荬菜种子小，出土能力弱。因此，应进行秋翻、秋耙、秋打垄，达到地平土碎的程度。苦荬菜喜肥，为充分发挥增产潜力，在秋翻前，每667米²应施入农家肥4 000千克。

②播种 为提高苦荬菜产量和品质，应选大叶片型品种播种。播种前通过风或水，将粒大饱满的种子选出，晒种1天，以便达到提高发芽率的目的。在我国北方苦荬菜的播期应与春小麦同步或稍后。每667米²播种量为0.5～0.6千克，通常为条播，青刈苦荬菜行距30～60厘米，株距10～12厘米。均匀撒籽后，覆土深度为2～3厘米，播后镇压1～2次。

③田间管理 苦荬菜苗期不耐杂草，出苗后要及时中耕除草1次，在封垄前完成3次中耕除草作业，每次除草都结合间苗，青刈要间成单株。近年来，苦荬菜蚜虫发生较多，要早发现，及时喷洒乐果、溴氰菊酯等进行防治。喷药20～30天后，药力消失后才能青刈饲喂。

④青刈 当株高40～50厘米高时进行第一次青刈，留茬15～20厘米；30天左右，当株高50～60厘米时进行第二次刈割，留茬20厘米左右；35～40天，株高60～70厘米时进行第三次刈割。

(2)青刈玉米 青刈玉米味甜，经揉搓机加工后是鹅喜食的优质青绿饲料。青刈玉米每667米²产5 000～10 000千克。营养丰富，据分析，出穗前青刈玉米含水分88.85%、粗蛋白质3.45%、粗脂肪0.69%、粗纤维2.41%、无氮浸出物3.17%、粗灰分1.43%。

在乳熟至蜡熟期收割果穗、茎叶均可青喂或青贮。

①整地、施肥　青刈玉米根系发达,为保证根系发育良好,通常进行秋翻地,深度达 20 厘米以上。在翻地前,每 667 米² 施厩肥 4 000 千克左右。

②播种　应选粒大、饱满的中晚熟品种,经检测发芽率达 80% 以上的种子才能进行播种。播种前要晒种 3～5 天。播种期为 4 月下旬或 5 月上旬,采用刨埯点种或机械条播方法,行距 60～70 厘米,株距 20 厘米以上,每 667 米² 播种量为 3.5～4.0 千克,覆土 3～4 厘米,播后镇压 1 次。

③田间管理　青刈玉米出苗后要查苗,发现缺苗要立即浸种或催芽补种,力求达到全苗。当长出 3～4 片叶时进行间苗,间掉小苗、弱苗,保留大苗和壮苗,同时进行第一次中耕除草和培土。长出 5～6 片叶时进行定苗,留下与行间垂直的壮苗,定苗的同时进行第一次中耕除草和培土,到拔节时进行第二次中耕除草和培土,此次培土要深耥。

④刈割　刈割期一般要从抽雄到蜡熟期刈割,在霜前刈割或青贮,或制成秸秆粉。

(3)青刈鹅头稗　鹅头稗是一种喜肥、喜水,适应性强,抗盐碱,株高、叶肥,产量高,再生能力强,营养价值高的作物。据分析,果期干物质营养成分:总能为 3.61 兆焦/千克,含水率为 11.02%,粗蛋白质 7.22%,粗脂肪 1.96%,粗纤维 29.11%,无氮浸出物 42.75%,粗灰分 7.84%,钙 0.332%,磷 0.315%。鹅头稗味甜,鹅非常喜食,但鹅头稗对肥水要求条件较高,适于在低洼地区种植。春播当年至少可青刈 2～3 次,每 667 米² 产量达 5 000 千克以上。

①整地、施肥　种植鹅头稗的土地,秋季应进行秋翻地,为提高鹅头稗产量,在翻地前,每 667 米² 施入农家肥 4 000 千克左右。

②播种　鹅头稗可平播,平播因开沟不翻土,土壤水分损失

少,一般行距 20~25 厘米,播后轻微耙 1 遍。播种深度一般以 3 厘米为宜。在北方播期为 5 月上中旬,每 667 米² 播种量为 1.5 千克。

③田间管理 为了保证出全苗,一般播种量都比较大,出苗后随着植株长大,分蘗和叶量增加,往往幼苗过分密集。为了保证正常生长发育,须及时间苗。一般在 3~5 片叶期间苗为宜,6~7 片叶期进行定苗,株距 8 厘米左右为宜。此外要适时中耕除草、松土、培土,保证根系生长发育,减少杂草与牧草争水、争肥。有条件的,应在分蘗期灌水 1 次,拔节期灌水 1~2 次。

④收获 当鹅头稗长至 50~60 厘米时可进行青刈。以收获青干草为主者应在开花盛期收割,此时是牧草产量最高峰,而且牧草质量也最佳。种子和牧草兼收者应在种子完熟期收割。

4.青绿多汁饲料的调制和加工 青饲料生产的季节性强,为了全年均衡利用青饲料,改善其可食性、适口性,提高消化吸收率,减少饲料营养成分的损耗,便于贮藏和运输,应对青绿多汁饲料进行加工调制,方法主要有以下几种。

(1)切碎 将鲜草、块根块茎、瓜菜等青绿多汁饲料,洗净切碎后直接喂鹅,一般应随切随喂,否则易变质腐烂。

(2)青贮 此法是将新鲜的青绿多汁饲料作物(青玉米、牧草、野草、南瓜、大头菜、白菜、胡萝卜、甜菜、各种藤蔓等),切碎装入青贮窖或塔内,压实隔绝空气,经过微生物——乳酸菌的厌氧发酵作用,制成一种具有酸甜香味,营养丰富,耐久贮的饲料。它基本上保持了青绿多汁饲料原有的优点,故有"草罐头"之称。但给鹅饲喂时,须逐渐调教适应。

(3)干燥法 将青绿饲料经自然干燥法或人工干燥法调制成干草。要注意适宜的收割期,禾本科牧草在抽穗阶段,豆科牧草应在出现花蕾时收割干燥。因为此期牧草无论是产草量还是营养物质的总量都较高。

①自然干燥法　通常在天气较好时的早晨刈割,上午和下午各翻晒 1 次,当水分降至 50% 左右,可把牧草集成高约 1 米的小堆,盖上塑料薄膜防雨淋,晴天倒堆再反复翻晒,直到干燥为止。自然干燥法的优点是成本低,易操作;缺点是养分损失较多,正常情况下干物质养分损失占鲜草时的 10%～30%。

②人工干燥法　高温快速干燥法。中国船舶工业总公司第七研究所研制的 93QH－300 型青饲料烘干机组,以煤作能源烘干,450℃～600℃的热空气为热介质,能在几十秒至几分钟内将青饲料烘干。据测定,原料含水量为 70% 时,每小时能烘干并粉碎成草粉达 300 千克;原料含水分 60%,则每小时能生产草粉 480 千克。生产出来的草粉颜色青绿,可以保存青饲料中 90%～95% 的养分。这种高温快速烘干机制成的草粉比自然干燥的草粉营养高1.5～2 倍,但成本较高。

(4)粉碎　把干草粉碎后喂鹅,便于消化吸收。

(5)打浆　将采集的青绿多汁饲料切碎放入打浆机内打成浆,随打浆随饲喂。

(四)粗饲料

粗饲料是指干物质中粗纤维在 18% 以上的饲料,主要包括干草、秸秆、糠壳、干树叶等。其中的优质豆科干草粉碎后是鹅较好的粗饲料。粗饲料来源广泛,成本低廉,但粗纤维含量高,容积大,适口性差,不容易消化,维生素含量低,营养价值低。粗饲料中的粗纤维是难于消化的部分,因此喂鹅时的量要适当控制,雏鹅日粮中粗纤维含量不能超过 6%;中鹅、成鹅日粮中粗纤维含量不能超过 8%～10%,见表5-6。

表 5-6　常用粗饲料参考的营养成分表

饲　料	水 分 （%）	代谢能 （兆焦/千克）	粗蛋白质 （%）	粗纤维 （%）	钙 （%）	磷 （%）	蛋氨酸 （%）	赖氨酸 （%）
优质的苜蓿草粉	13.0	3.64	17.20	25.60	1.46	0.22	0.14	0.81
酒糟粉	9.3	4.81	11.90	24.4	0.32	0.28	—	—
花生藤粉	10	5.48	12.20	21.8	2.8	0.10	—	—
野草粉	14.13	3.82	4.15	25.73	1.44	0.04	—	—
柞树叶粉	11.5	—	10.60	18.7	—	—	—	—
玉米秸	6.95	2.59	3.86	42.62	0.29	0.07		
大豆秸	9.8	0.42	4.8	50.7	0.82	0.08		
大豆荚	9.1	2..76	3.5	38.8	0.85	0.11		

1. 粗饲料的调制和加工

（1）搓脱或粉碎　玉米秸可用搓脱机将玉米秸变软变碎。另外，粗饲料因具有坚硬的皮壳，饲料经粉碎后表面积增大，与鹅消化液能充分接触，便于消化吸收。

（2）秸秆饲料的微贮　实质是在用揉搓机粉碎过的玉米秸秆等饲料中添加一种有益菌（专门用于动物营养保健的活菌制剂），经发酵后有益活菌大量繁殖形成生物发酵饲料，使饲料中的蛋白质数量增高，由于发酵后具有浓郁的酸香或酒香，因此适口性得到改善，从而提高了粗饲料的消化吸收率。同时，由于活菌制剂进入鹅消化道后，抑制有害菌，调节了鹅肠道微生物环境，从而增强了机体的抗病力和免疫力，鹅的死亡率大大减少，另外，也使粪便中的氨、硫化氢等臭味大减，改善了饲养环境；最终使饲养鹅的成本大大降低。

在北方种鹅冬季饲养期较长，通过生产实践，用玉米秸秆等饲料进行微贮收到较好的生产和经济效果。具体如下：

①发酵液配制所需的材料　按 50 千克玉米秸秆计算。水 75～110 升,红糖 0.5 千克(白糖也可),粗盐 0.15 千克,发酵剂 50 克,促生长剂 50 克。其中水分用量应随原料含水量的多少而变化。

②发酵液配制方法

a.微生物菌种活化。用器皿将 50 克的红糖溶解在 2 升 30℃ 左右的温水中,加入 50 克发酵剂之后充分混合,在 30℃ 条件下放置 2 小时,使微生物菌种充分活化。

b.将 50 克的促生长剂、0.15 千克粗盐、0.45 千克红糖用 5 升 30℃ 左右温水充分溶解。

c.将上述两溶液倒入盛有 75～110 升水的容器中(冬天需用 30℃ 温水)搅拌均匀后即制成发酵剂。

③秸秆微贮饲料的制作过程

秸秆微贮饲料的搅拌:将 7.5 千克的玉米面、1 千克麦麸、5 千克的豆粕、0.5 千克的鱼粉、50 千克的秸秆(用揉搓机粉碎过的秸秆)放在一起在舍内搅拌(舍温在 10℃ 以上),均匀后喷洒事先配制好的微生物发酵剂,边喷边搅拌,拌均匀为止。

发酵:将拌好的发酵秸秆饲料装入塑料袋内,层层压紧,排尽空气,装满后密封好,进行厌氧发酵。在 10℃～30℃ 的范围内,如温度高发酵时间短,温度低发酵时间则长。

发酵好了的秸秆饲料特征:鲜亮、呈金黄色,手感细腻,味香、带有浓郁的酸香或酒香,略有果香味。主要营养成分:粗蛋白质为 12.8%、粗脂肪 2.18%、粗纤维 20.62%、无氮浸出物 48.13%、钙 1.28%、磷 0.8%。

④饲喂　微贮秸秆饲料饲喂休产期鹅、中鹅(22 日龄至育成前)能收到较好的饲养效果。

(五)矿物质饲料

鹅的生长发育和机体的新陈代谢需要多种矿物质元素,虽然在饲料原料中均含有矿物质,但远不能满足鹅的生长和生产需要,因此在配制鹅日粮时常常需要专门添加石粉、贝壳粉、蛋壳粉、磷酸氢钙、食盐、砂砾等矿物质饲料。

1.钙源饲料 石粉、贝壳粉、蛋壳粉均属于钙质饲料。

(1)石粉 由天然石灰石粉碎而成,主要成分为碳酸钙,白色或灰色,无味,不吸湿。含钙量为$35\%\sim38\%$,价格低廉。但鹅吸收率低。石粉用量控制在$2\%\sim7\%$。

(2)贝壳粉 各种贝类外壳(如蚌壳、螺壳、蛤蜊壳等)经加工粉碎而成的粉状或粒状产品,含钙38%,鹅对贝壳粉吸收较好。

(3)蛋壳粉 蛋壳粉为禽蛋加工厂的副产品,经清洗、干燥、灭菌、粉碎制成。含钙34%,还含粗蛋白质7%,磷0.09%,为理想的钙源,利用率较高。

2.磷源饲料

(1)骨粉 以家畜的骨骼为原料,经蒸汽高压蒸煮、脱脂、脱胶后干燥,粉碎过筛制成。含钙26%,磷13%,钙、磷比为$2:1$,是钙、磷较平衡的矿物质饲料。此外,还含有约12%粗蛋白质。但因其骨源与加工方法不同差异较大。

(2)磷酸氢钙 由磷矿石制成或化工业制品。磷酸氢钙的溶解度较高,利用率也较高,含钙29.5%,含磷22.8%,含氟量不宜超过0.2%,以免引起中毒。

3.食盐 食盐主要用于补充鹅体内的钠和氯,保证鹅体正常新陈代谢,还可以增进鹅的食欲,用量可占日粮的$0.3\%\sim0.5\%$。

4.砂砾 砂砾并没有营养作用,补充砂砾有助于鹅的肌胃磨碎饲料,提高消化率。放牧鹅群随时可以吃到砂砾,舍饲鹅需补充,舍饲鹅如果长期缺乏砂砾,易造成积食或消化不良,采食量减少,影响鹅的生长和生产。

(六)维生素饲料

在养鹅生产中经常使用的青绿多汁饲料、青干草粉等虽不属于维生素饲料,但确是鹅维生素的重要来源。在放牧条件下,青绿多汁饲料能满足鹅对维生素的需要;舍饲鹅一方面要饲喂富含维生素的饲料,同时还须补充维生素饲料添加剂。在国外列入饲料添加剂的维生素约有 15 种。

(七)饲料添加剂

为了满足鹅的营养需要,完善日粮的全价性,需要在饲料中添加原来含量不足或不含有的物质,起到提高饲料利用率,促进鹅生长发育,防治某些疾病,减少饲料贮藏期间营养物质的损失,改进产品品质作用的物质称为饲料添加剂。包括营养性添加剂和非营养性添加剂。

1. 营养性添加剂　主要用于平衡和强化日粮营养,包括氨基酸添加剂(如赖氨酸、蛋氨酸添加剂等);维生素添加剂(维生素 B_1、维生素 B_2、维生素 E、复合维生素等)和微量元素添加剂。

2. 非营养性添加剂　这类添加剂虽不含有鹅所需要的营养物质,但添加后对促进鹅的生长发育、提高产蛋率、增强抗病能力及饲料贮藏等大有益处。非营养性添加剂种类包括抗生素添加剂(万能霉素、恩拉霉素预混料、青霉素、土霉素、杆菌肽锌预混料、硫酸黏杆菌素预混料等),驱虫保健添加剂(如莫能霉素、拉沙霉素、盐霉素、氨丙啉、马杜霉素等),抗氧化剂(如山道喹、乙基化羟基甲苯、丁基化羟基甲氧苯等),防霉剂(如丙酸钠、丙酸钙、脱氧醋酸钠、克饲霉等),酶类制剂(如蛋白酶、淀粉酶、纤维素酶、葡聚糖酶、植酸酶、饲用复合酶等),中药添加剂(具有天然、预防、治疗、增强免疫、营养等多功能,而且毒副作用小,不易在产品中残留等特点)。

3. 药物饲料添加剂的使用与监控 药物添加剂的广泛使用，给畜牧生产带来增产、增收的同时，也带来药物残留，给人类健康带来潜在的危害。为了保证畜牧业的正常发展及畜产品的品质，我国政府颁布了用于饲料添加剂的兽药品种及休药期等相关法规。要求各畜牧场及养殖户应依法使用药物添加剂，使兽药的残留量控制在不影响人体健康的限量内。

三、鹅的饲养标准及日粮配制

鹅的饲养标准是指经过长期、大量的饲养试验结果和生产实际的经验总结，对不同年龄、体重、生理状态和生产性能的鹅所需要的各种营养物质的定额做出规定。依据鹅的饲养标准和鹅常用饲料营养成分和营养价值，设计出鹅科学、质优价廉的饲料配方，经过适当的加工处理后进行饲喂，达到科学养鹅目的。

(一)鹅的饲养标准

1. 饲养标准的种类 饲养标准大致可以分为两大类。一类是国家规定和颁布的饲养标准，如美国鹅的饲养标准、前苏联鹅的饲养标准、法国鹅的饲养标准，我国鹅的饲养标准尚缺乏。另一类是大型育种公司或某高等农业院校及研究所，根据各自培育的优良品种或配套系的特点，制定符合该品种或配套系营养需要的饲养标准，称为能用标准。

2. 饲养标准的内容 鹅的饲养标准中主要包括能量、蛋白质、必需氨基酸、矿物质和维生素等多项指标。每项营养指标都有其特殊的营养作用，缺乏、不足、超量均可对鹅产生不良影响，特别是对种鹅后果会更严重。能量的需要以代谢能(ME)表示，蛋白质的需要量是用粗蛋白质(CP)表示，同时标出必需氨基酸的需要量，以便配制日粮时使氨基酸得到平衡。饲养标准中维生素的需要量是按最低需要量确定的,为此对维生素的添加量往往要在饲养标准的基础上再加上一个安全系数,以确保鹅获得足够定额的维生素。鹅的几种饲养标准见表 5-7 至表 5-10(摘自李昂编著的《实用养鹅大全》)。

表 5-7　美国 NRC(1984)鹅的饲养标准　(每千克饲粮含量)

营养成分	开食阶段(0~6周)	生长阶段(6周以后)	种　鹅
代谢能(兆焦/千克)	12.121	12.12	12.12
粗蛋白质(%)	22	15	15
精氨酸(%)	1.0	0.67	0.8
甘氨酸+丝氨酸(%)	0.70	0.47	0.5
组氨酸(%)	0.26	0.17	0.22
异亮氨酸(%)	0.60	0.40	0.5
亮氨酸(%)	1.6	0.67	1.2
赖氨酸(%)	0.9	0.30	0.6
蛋氨酸+胱氨酸(%)	0.75	0.40	0.50
蛋氨酸(%)	0.32	0.21	0.27
苯丙氨酸+酪氨酸(%)	1.0	0.67	0.8
苯丙氨酸(%)	0.54	0.36	0.4
苏氨酸(%)	0.56	0.37	0.4
色氨酸(%)	0.17	0.11	0.11
缬氨酸(%)	0.62	0.41	0.5
维生素 A(国际单位)	1500	1500	4000
维生素 D(国际单位)	200	200	200
维生素 E(国际单位)	10	5	10
维生素 K(毫克)	0.5	0.5	0.5
维生素 B_1(毫克)	1.8	1.3	0.8
维生素 B_2(毫克)	3.6	1.8	3.8

续表 5-7

营养成分	开食阶段(0～6周)	生长阶段(6周以后)	种　鹅
泛酸(毫克)	15	10	10
烟酸(毫克)	55	35	20
维生素 B_6(毫克)	3	3	4.5
生物素(毫克)	0.15	0.1	0.15
胆碱(毫克)	1300	1500	500
叶酸(毫克)	0.55	0.25	0.35
维生素 B_{12}(毫克)	0.009	0.003	0.003
钙(%)	0.8	0.6	2.25
有机磷(%)	0.4	0.3	0.3
铁(毫克)	80	40	80
镁(毫克)	600	400	500
锰(毫克)	55	25	33
硒(毫克)	0.1	0.1	0.1
锌(%)	40	35	60
铜(毫克)	4	3	0.4
碘(毫克)	0.35	0.35	65
亚油酸(%)	1.0	0.8	1.0

表 5-8　前苏联鹅的饲养标准　(每千克饲粮含量)

营养成分	日　龄			
	开食阶段 (0～6周)	生长阶段 (6周以后)	60～180日龄 后备鹅	种　鹅
代谢能(兆焦/千克)	11.7	11.70	10.87	10.45
粗蛋白质(%)	20.0	18.0	14.0	14.0
粗纤维(%)	5	7	8.9	10

续表 5-8

营养成分	日 龄			种 鹅
	开食阶段 (0～6周)	生长阶段 (6周以后)	60～180日龄 后备鹅	
钙(%)	1.6	1.6	2.0	1.6
磷(%)	0.8	0.8	0.8	0.8
盐(%)	0.4	0.4	0.4	0.4
饲料量(克/只·天)				330
精氨酸(%)	1.00	0.9	0.7	0.82
甘氨酸(%)	01.1	0.99	0.77	0.77
组氨酸(%)	0.47	0.42	0.33	0.33
异亮氨酸(%)	0.67	0.6	0.47	0.47
亮氨酸(%)	1.66	1.49	1.15	0.95
赖氨酸(%)	1.0	0.9	0.7	0.63
胱氨酸(%)	0.28	0.25	0.20	0.20
蛋氨酸(%)	0.5	0.45	0.35	0.35
酪氨酸(%)	0.37	0.33	0.26	0.36
苯丙氨酸(%)	0.83	0.74	0.57	0.49
苏氨酸(%)	0.61	0.55	0.43	0.46
色氨酸(%)	0.22	0.20	0.16	0.16
缬氨酸(%)	1.05	0.94	0.73	0.67
维生素A(百万单位/吨)	10	5	5	10
维生素D_3(百万单位/吨)	1.5	1.0	1.0	1.5
维生素E(克/吨)	5.0	—	—	5.0
维生素K_3(克/吨)	2.0	1.0	1.0	1.0
维生素B_2(克/吨)	2.0	2.0	2.0	2.0
泛酸(克/吨)	10	10	10	10

续表 5-8

营养成分	日　龄			种　鹅
	开食阶段 （0～6 周）	生长阶段 （6 周以后）	60～180 日龄 后备鹅	
烟酸（克/吨）	30	30	30	20
维生素 B_6（克/吨）	2.0	—	—	—
胆碱（克/吨）	1000	1000	1000	1000
维生素 B_{12}（克/吨）	25	25	25	25
铁（克/吨）		25		
锰（克/吨）		50		
钴（克/吨）		2.5		
锌（克/吨）		50		
铜（克/吨）		2.5		
碘（克/吨）		1.0		

表 5-9　法国鹅饲养标准

营养成分	日　龄			种　鹅
	0～3 周	4～6 周	7～12 周	
代谢能（兆焦/千克）	10.87～11.70	11.29～12.12	11.29～12.12	9.2～10.45
粗蛋白质（%）	15.8～17.0	11.6～12.5	10.2～11.0	13.0～14.8
赖氨酸（%）	0.89～0.95	0.56～6.0	0.47～0.50	0.58～0.66
蛋氨酸（%）	0.40～0.42	0.29～0.31	0.25～0.27	0.23～0.26
含硫氨基酸（%）	0.79～0.85	0.56～0.60	0.48～0.52	0.42～0.47
色氨酸（%）	0.17～0.18	0.13～0.14	0.12～0.13	0.13～0.15
苏氨酸（%）	0.58～0.62	0.46～0.69	0.43～0.46	0.40～0.45
钙（%）	0.75～0.80	0.75～0.80	0.65～0.70	0.26～3.0
总磷（%）	0.67～0.70	0.62～0.65	0.57～0.60	0.56～0.60

续表 5-9

营养成分	日 龄			
	0～3周	4～6周	7～12周	种 鹅
有效磷(%)	0.42～0.45	0.37～0.40	0.32～0.35	0.32～0.36
钠(%)	0.14～0.15	0.14～0.15	0.14～0.15	0.12～0.14
氯(%)	0.13～0.14	0.13～0.14	0.13～0.14	0.12～0.14

表 5-10　黑龙江白种鹅饲养标准(参考)

营养成分	日 龄				
	0～4周	5～10周	11～28周	越冬成鹅	产蛋鹅
代谢能(兆焦/千克)	11.72	11.72	11.10	10.7	11.3
代谢能(兆卡/千克)	2.8	2.8	2.65	2.55	2.7
粗蛋白质(%)	18	15～16	12	8	15～16
粗纤维(%)	5	6	8	10	5～6
赖氨酸(%)	1.0	1.0	0.7	0.7	0.75
蛋氨酸(%)	0.35	0.35	0.3	0.3	0.4
钙(%)	1.0	1.2	1.2	1.2	2.35
磷(%)	0.70	0.7	0.6	0.6	0.6
食盐(%)	0.35	0.35	0.35	0.35	0.35
铁(毫克/千克)	25	25	25	25	25
锰(毫克/千克)	85	85	75	75	85
锌(毫克/千克)	95	95	85	85	95
铜(毫克/千克)	2.5	2.5	2.5	2.5	2.5
硒(毫克/千克)	0.12	0.12	0.12	0.12	0.12
碘(毫克/千克)	0.5	0.5	0.5	0.5	0.5
维生素 A(单位/千克)	10000	10000	10000	10000	10000
维生素 D(单位/千克)	1500	1000	1000	1000	1500

续表 5-10

营养成分	日　龄				
	0～4 周	5～10 周	11～28 周	越冬成鹅	产蛋鹅
维生素 E(单位/千克)	20	20	20	20	20
维生素 B_1(单位/千克)	6.0	3.0	3.0	3.0	6.0
维生素 B_2(单位/千克)	4	2	2	2	4
维生素 B_3(单位/千克)	10	10	10	10	10
维生素 B_4(单位/千克)	1000	500	500	500	1000
维生素 B_5(单位/千克)	65	65	60	60	70
维生素 B_6(单位/千克)	3	3	3	3	4.5
生物素(单位/千克)	0.5	0.5	0.3	0.3	0.8
叶酸(单位/千克)	0.8	0.5	0.5	0.5	0.8
维生素 B_{12}(单位/千克)	0.03	0.03	0.03	0.03	0.05

(二)鹅日粮配制

1.鹅日粮配制的原则

(1)符合鹅营养需要的原则　配制鹅日粮时,饲养标准是依据。由于饲料的品种、产地、保存条件会影响饲料的营养含量;不同鹅的品种、类型实际需要量不同;鹅所处的饲养管理条件(温度、湿度、有害气体浓度、应激因素、饲料加工调制方法等)也会影响营养需要。因此,在生产中要根据实际情况和生产实践经验对饲养标准做适当调整。

(2)符合鹅的生理特性　配制日粮时,必须根据各类鹅的不同生理特点,选择适宜的饲料进行搭配。如雏鹅,需要选用优质的粗饲料,而且比例不能过高;成年鹅对粗纤维的消化能力增强,可以提高粗饲料的用量;此外还要注意日粮的适口性、容重和稳定性。

（3）符合经济原则　在养鹅生产中,饲料费用占养鹅成本的70%～80%。因此,配合日粮时,应充分利用当地饲料资源,就地取材,选用营养丰富、价格低廉的饲料原料,以降低生产成本,提高经济效益。

（4）符合饲料卫生质量标准　饲料安全关系到鹅群健康,更关系到食品安全和人民群众的健康。所以,配制的配合饲料必须符合国家饲料卫生质量标准。

2.鹅日粮配制方法　配制日粮首先要设计日粮配方,然后"照方抓药"。鹅日粮配方的设计方法有多种,如试差法、四角形法（又称方块法或对角线法）、电子计算机法等。

（1）试差法　试差法是日粮配制常用的一种方法。试差法又称凑数法。该方法是先按饲养标准及饲料供应情况,选用数种饲料,先初步拟定每种饲料用量,再计算其中主要营养指标的含量,并与饲养标准比较,差值可通过反复调整饲料用量使之符合饲养标准。下面举例说明试差法配制日粮的具体步骤。

例:用试差为 0～4 周龄的雏鹅配制日粮,饲料原料有玉米、麦麸、豆饼、饲料酵母、稻糠、蛋氨酸、赖氨酸、磷酸氢钙、矿物质和维生素添加剂、石粉和食盐。

第一步,根据黑龙江白种鹅参考饲养标准,列出几项营养指示如表 5-11。

表 5-11　黑龙江白种鹅 0～4 周龄的雏鹅饲养标准

代谢能 （兆焦/千克）	粗蛋白质 （%）	钙 （%）	磷 （%）	食盐 （%）	蛋氨酸 （%）	赖氨酸 （%）
11.72	18	1.0	0.7	0.35	0.35	1.0

第二步,从饲料营养成分表查出所选饲料的主要营养指标,如表 5-12。

表 5-12　饲料原料的主要营养成分

饲料原料	代谢能（兆焦/千克）	粗蛋白质（%）	钙（%）	磷（%）	蛋氨酸（%）	赖氨酸（%）
玉　米	14.04	8.6	0.04	0.21	0.10	0.28
豆　饼	11.04	43	0.32	0.5	0.57	2.74
麦　麸	6.52	14.4	0.18	0.78	0.15	0.61
饲料酵母	9.16	41.3	2.2	2.92	01.73	2.32
稻　糠	7.21	9.0	0.152	0.49	0.12	0.36
石　粉			37.0			
磷酸氢钙			29.5	22.8		

第三步,试配。计算试配配方的代谢能和粗蛋白质两项最重要营养指标的含量,并与饲养标准进行比较,见表 5-13。

表 5-13　试配配方的代谢能和粗蛋白质的含量及与饲养标准比较

饲料原料	配合比例（%）	代谢能（兆焦/千克）	粗蛋白质（%）
玉　米	54	14.04×0.54＝7.5816	8.6×0.54＝4.644
豆　饼	24.5	11.04×0.24＝2.65	43×0.24＝10.32
麦　麸	5	6.52×0.05＝0.326	14.4×0.05＝0.72
饲料酵母	3	9.16×0.03＝0.216	41.3×0.03＝1.239
稻　糠	10	7.21×0.1＝0.72	9.0×0.1＝0.9
合　计	96.5	11.4936	17.823
与饲养标准比较		－0.2264	－0.177

从表 5-13 试配日粮配方的代谢能和粗蛋白质均未达到饲养标准。

第四步,调整试配饲料配方。试配配方代谢能含量不足部分应适量增加能量饲料玉米的用量;试配配方粗蛋白质不足部分应适量增加豆饼用量。计算结果如表 5-14。

表 5-14　调整后配方与饲养标准比较

饲料原料	配合比例（%）	代谢能（兆焦/千克）	粗蛋白质（%）
玉　米	56.4	14.04×0.564＝7.919	8.6×0.564＝4.8504
豆　饼	24.5	11.04×0.245＝2.705	43×0.245＝10.535
麦　麸	5	6.52×0.05＝0.326	14.4×0.05＝0.72
饲料酵母	3	9.16×0.03＝0.2748	41.3×0.03＝1.239
稻　糠	7.6	7.21×0.07＝0.548	9.0×0.076＝0.684
合　计	96.5	11.7728	18.0284
与饲养标准比较		+ 0.0528	+ 0.0284

表 5-15　调整后配方钙、磷、蛋氨酸和赖氨酸含量

饲料原料	配合比例（%）	钙（%）	磷（%）	蛋氨酸（%）	赖氨酸（%）
玉　米	56.4	0.04×0.564＝0.0226	0.21×0.564＝0.119	0.1×0.564＝0.0564	0.28×0.564＝0.1579
豆　饼	24.5	0.32×0.245＝0.0784	0.50×0.245＝0.123	0.57×0.245＝0.1397	2.74×0.245＝0.6713
麦　麸	5	0.18×0.05＝0.009	0.78×0.05＝0.04	0.15×0.05＝0.0075	0.61×0.05＝0.0305
饲料酵母	3	2.2×0.03＝0.066	2.92×0.03＝0.0876	1.73×0.03＝0.0519	2.32×0.03＝0.0696
稻　糠	7.6	0.152×0.076＝0.0116	0.49×0.076＝0.04	0.12×0.076＝0.00948	0.36×0.076＝0.0274
合　计	96.5	0.1876	0..4096	0.265－	0.9567
与饲养标准比较		－0.8128	－0.2904	－0.08502	－0.0433

从表 5-15 可知,试配配方的钙、磷含量均不足,需要用矿物质饲料补充,见表 5-16。

表 5-16 矿物质饲料添加量

矿物质饲料	配合比(%)	钙(%)	磷(%)
石　粉	1.2	37×0.011=0.444	—
磷酸氢钙	1.4	29.5×0.013=0.384	22.8×0.013=0.296
合　计		0.828	0.296

从表 5-16 可知,补 1.2％石粉、1.4％磷酸氢钙后,钙和磷均达饲养标准要求。再另外补 0.35％食盐、0.1％蛋氨酸、0.04％赖氨酸,合计为 99.5％尚缺 0.5％,供添加混合微量元素与多种维生素,如果预混料载体或稀释剂用石粉,则将石粉给量相应酌减,至此日粮配制完成。

第五步,列出日粮配方,见表 5-17。

表 5-17 黑龙江白种鹅 0～4 周龄的雏鹅日粮配方

饲　料	玉米	豆饼	稻糠	酵母	麸皮	食盐	石粉	磷酸氢钙	蛋氨酸	赖氨酸
配合比(%)	56.4	24.5	7.6	3	5	0.35	1.2	1.4	0.1	0.04

(2)四边形法　与试差法一样,首先满足能量和粗蛋白质需要量,然后再补足其他各项指标的需要。

下面以配制雏鹅日粮为例具体说明。

现有饲料原料玉米、豆饼、小麦麸、稻糠、磷酸氢钙、石粉、蛋氨酸、赖氨酸、多种维生素及微量元素添加剂预混料。配制黑龙江白种鹅 0～4 周龄的雏鹅日粮配方。

第一步,黑龙江白种鹅雏鹅(0～4 周龄)饲养标准见表 5-18。

表 5-18　黑龙江白种鹅 0～4 周龄的雏鹅饲养标准

代谢能 (兆焦/千克)	粗蛋白质 (%)	钙 (%)	磷 (%)	食盐 (%)	蛋氨酸 (%)	赖氨酸 (%)
11.72	18	1.0	0.7	0.35	0.35	1.0

第二步,查选定饲料的主要营养指标,见表 5-19。

表 5-19　选定饲料的主要营养指标

饲料原料	代谢能 (兆焦/千克)	粗蛋白质 (%)	钙 (%)	磷 (%)	蛋氨酸 (%)	赖氨酸 (%)	粗纤维 (%)
玉　米	14.04	8.6	0.04	0.21	0.10	0.28	2
豆　饼	11.04	43	0.32	0.5	0.57	2.74	5.7
麦　麸	6.52	14.4	0.18	0.78	0.15	0.61	9.2
稻　糠	7.21	9.0	0.152	0.49	0.12	0.36	
石　粉			37.0				
磷酸氢钙			29.5	22.8			

第三步,根据饲料原料的具体情况,确定部分饲料给量。由于鱼粉价格贵、来源少,确定给量为 2%,小麦麸确定给量 10%,这两种饲料所提供的营养物质含量与饲养标准相比,余缺数量见表 5-20。

表 5-20　鱼粉和小麦麸所提供营养物质
总量与标准需要量相比尚缺数量

饲料原料	重量 (克)	代谢能 (兆焦)	粗蛋白质 (%)	钙 (%)	磷 (%)	蛋氨酸 (%)	赖氨酸 (%)	粗纤维 (%)
鱼　粉	40	0.2884	3.6	0.608	0.196	0.048	0.144	
麦　麸	70	0.4599	10.08	0.126	0.546	0.105	0.427	

续表 5-20

饲料原料	重 量 （克）	代谢能 （兆焦）	粗蛋白质 （%）	钙 （%）	磷 （%）	蛋氨酸 （%）	赖氨酸 （%）	粗纤维 （%）
合 计	110	0.7483	13.68	0.734	0.742	0.153	0.571	
标准需要	1000	11.72	180	10	7	3.5	10	
尚 缺	−880	−10.9717	−166.32	−9.266	−6.258	−3.347	−9.429	

第四步，用四边形法计算玉米和大豆饼的用量。为使四边形法计算结果同时满足代谢能和粗蛋白质两项需要指标，采用蛋白能量比（对鹅是指单位重量中每兆焦代谢能所对应的粗蛋白质克数）。计算结果如下：

尚缺部分的蛋白能量比为 $166.32 \div 10.9717 = 15.159$

玉米蛋白能量比为 $86.0 \div 14.04 = 6.125$

豆饼蛋白能量比为 $430 \div 11.04 = 38.949$

按四边形法的规定，标准尚缺部分的蛋白能量比为目标要求达到的，应写在四边形的中心。玉米和豆饼蛋白能量比则分别写在四边形的左上角和左下角，将玉米和豆饼蛋白能量比与标准尚缺部分的蛋白能量比的差值绝对值写在相应的右上角和右下角，如图 5-1。

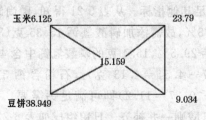

图 5-1　四边形法

由四边形法的计算结果得知,当玉米和豆饼按 23.79％ 与 9.034％配合时,即可满足所缺的代谢能及粗蛋白质,即玉米提供 72.45％[23.79÷(23.79＋9.034)×100 ％]的代谢能,即 7.949 (10.9717×72.45％)。大豆饼提供 27.55％ 的代谢能,即 3.023 (10.9717×27.55％)。

所以,玉米用量应为 7.949÷14.04＝0.5662 千克,大豆饼用量为 3.023÷11.04＝0.274 千克。满足营养成分情况,见表 5-21。

表 5-21　初拟配方营养成分含量

饲料原料	重　量 (克)	代谢能 (兆焦)	粗蛋白质 (％)	钙 (％)	磷 (％)	蛋氨酸 (％)	赖氨酸 (％)	粗纤维 (％)
玉　米	566.4	7.949	48.71	0.265	1.19	0.566	1.586	
大豆饼	274.0	3.025	118	0.877	1.37	1.562	7.51	
稻　糠	40	0.288	3.6	0.061	0.196	0.048	0.144	
小麦麸	70	0.46	10.1	0.126	0.55	0.105	0.42	
合　计	950.4	11.72	180.4	1.33	3.306	2.28	9.66	
标　准	1000	11.722	180	10	7	3.5	10	
尚　缺	−71	+0.002	+0.4	−8.67	−3.5	−1.22	−0.34	

从表 5-21 可知,代谢能、粗蛋白质已基本满足,尚缺乏钙、磷、食盐、蛋氨酸(缺 1.22‰)、赖氨酸(缺 0.34％),需调整补足。

第五步,补足其他指标。从表 5-21 得知,磷尚缺 3.5 克,磷酸氢钙中含磷 22.8％,故需添加磷酸氢钙 15.35 克(3.5÷22.8％)。磷酸氢钙中含钙 29.5％,15.4 的磷酸氢钙含 4.54 克钙,尚缺 4.13 克钙(8.67－4.54＝4.13 克)。石粉含钙 37％,故补石粉 11.2 克(4.13÷ 0.37＝11.2)即可满足钙需要。日粮尚缺的食盐、蛋氨酸、赖氨酸则一并补齐。日粮组成如表 5-22。

表 5-22　日粮组成

饲　料	玉　米	大豆饼	稻　糠	小麦麸	磷酸氢钙	食　盐	石　粉	赖氨酸	蛋氨酸	合　计
%	56.64	27.4	4.0	7.0	1.54	0.35	1.12	0.034	0.12	98.2
克/千克	566.4	274	40	70	15.4	3.5	11.2	0.34	1.2	982

余下的 1.8% 供添加微量元素与维生素预混料。

(3)电子计算机法　应用试差法和四边形法配制鹅日粮饲料原料种类多,需要满足的营养指标多借助电子计算机,筛选出营养全价、价格最低的饲料配方。

电子计算机设计配方可利用 Excel 软件,也可应用配方软件设计,其方法在此不做介绍。无论用什么方法设计配方都需要有一定专业知识和生产经验。

第六章　种鹅的繁殖与人工孵化

本章主要讲鹅的繁殖特性,繁殖技术和孵化技术。孵化的技术分为自然孵化法和人工孵化法,人工孵化又分为孵化机法、摊床法和传统方法。

一、鹅的繁殖

鹅的繁殖是养鹅生产中必不可少的关键环节,也是加速鹅品种改良的重要手段。为此,必须了解和掌握鹅的繁殖特性和生殖行为及规律、配种方法、配种年龄和性比、种鹅的利用年限、鹅群结构,以便使种鹅的繁殖潜力得到充分发挥。

(一)鹅的繁殖特性

1. 季节性繁殖　鹅繁殖规律的最大特点是有明显的季节性。需特别强调的是,因长期所处的地理位置不同,鹅繁殖季节存在着明显的时间上的差异。每年的 2~7 月份为北方鹅品种的产蛋期,即光照由短变长有利于北方鹅品种的繁殖;每年的 10 月份至翌年的 2 月份为南方鹅品种的产蛋期,即光照由长变短有利于南方鹅品种的繁殖。

2. 择偶性　鹅群中有一定数量的公、母鹅属单配偶,这些公鹅只与某些固定母鹅交配,鹅的单配偶性是影响种蛋受精率的主要根源之一。

3. 鹅的产蛋规律　鹅的产蛋规律与鸡和鸭不同,鹅的产蛋在前 3 年随年龄的增长而逐年提高,到第三年达到高峰,第四年开始下降。因此,种鹅群应以 2~3 年龄的鹅为主组群较理想。

（二）鹅的生殖行为及规律

公、母鹅交配时，公鹅的阴茎勃起并伸入母鹅阴道内，精液从输精管射出并沿阴茎的射精沟进入母鹅的阴道部；公鹅的射精量很少，一般不到 1 毫升，但所含精子的浓度很大。精子依靠自身的运动逆行到漏斗部，与卵子在此结合受精，受精卵沿输卵管移行至子宫内，同时开始早期的胚胎发育。受精卵产出后胚胎发育暂时停止。在适宜条件下又继续发育，直至破壳而出成为雏鹅。母鹅在交配后，有一大部分精子贮存于阴道部的阴道腺和漏斗部，在以后的 8～10 天内可以持续使卵子受精。没有交配过的母鹅也能排卵下蛋，这种蛋因没有经过受精作用，所以不能孵出雏鹅。

人工光照、环境温度、营养、饲喂量、年龄、交配次数等因素对母鹅的卵巢发育、卵子成熟，公鹅的睾丸大小、精子的形成、精液量等都有明显影响。

（三）配种方法

1. 自然交配法

（1）混群配种　将选择好的公母鹅，按比例混群饲养，让其自然交配，一般受精率较高。

（2）小间配种　这是育种场常用的配种方法。在一个小间内，只放 1 只公鹅，按最适配种比例放入适量的母鹅。设有自闭产蛋箱集蛋，其目的在于收集有系谱记录的种蛋。也可用于探蛋，结合装蛋笼法记录母鹅产蛋。探蛋是指每天午夜前逐只检查母鹅子宫内有无要产出的蛋，将要产蛋的母鹅单独放入产蛋笼的一种方法。

（3）人工辅助配种　公鹅体型大，母鹅体型小，自然交配有困难，需人工辅助使其顺利完成交配。其方法是人工辅助配种前，先把公、母鹅放在一起，彼此熟悉适应。配种时先把母鹅的两腿和翅膀轻轻捏住，摇动引诱公鹅接近，当公鹅踏上母鹅背时，将母鹅尾羽向上提,完成交配。

2.人工授精技术　人工授精的优点:所配种母鹅数比自然配种高 3～6 倍,极大地提高了公鹅的利用率;由于人工授精操作过程进行了严格消毒,避免了公、母鹅生殖器官的接触,防止生殖器官传染病的蔓延,防止母鹅漏配,提高受精率;因公鹅用量少,可以优中选优,提高了公鹅的质量,延长了公鹅的使用年限,同时节省了饲料和管理费用,增加了经济效益;加快鹅的选种选配、培育新品种的过程;克服了因公、母鹅个体差异悬殊造成的交配困难。

(四)人工授精操作方法

鹅的人工授精过程包括公鹅的采精、精液品质的检查、精液的稀释和保存及母鹅输精等几个环节。

1.采精　公鹅常用的采精,有台鹅诱情法和按摩采精法。

(1)台鹅诱情法　用母鹅作台鹅,固定在诱台上(离地 15 厘米),然后放出经调教过的公鹅,公鹅会立即爬跨台鹅,当公鹅阴茎勃起、伸出交尾时,采精员迅速将阴茎导入集精杯而获取精液。

(2)按摩采精法

①公鹅采精前的准备

公鹅的选择:公鹅品质的好坏是人工授精成败的关键之一。当公鹅达到性成熟以后,通过背腹按摩法,把阴茎长于 4 厘米,直径大于 0.8 厘米的公鹅暂留种用。用于人工授精的种鹅,在配种前 1 个月,再进行一次选择。即在采精前,先将公、母鹅分开饲养,通过背腹按摩 5～7 天调教,在 15～30 秒钟阴茎能勃起,1 次射精量为 0.4～1.3 毫升,精子密度为 6 亿个/毫升以上,精子活力在 0.6 以上者留作种用,否则予以淘汰。

公鹅采精前的准备:公鹅需进行按摩采精调教;把公鹅肛门周围的羽毛剪掉,减少精液被污染机会;公鹅采精前 4 小时应停止喂料,防止采精时鹅排便而污染精液。

②背腹按摩法采精

保定：采精时，由保定人员抓鹅，并将公鹅放在采精台上，分别用左右手固定公鹅翅膀基部的胸段，使公鹅呈蹲伏式，让公鹅的后腹部悬于采精台的后面。

采精：采精员用右(左)手，掌心向下，大拇指和其余四指分开，稍弯曲，手掌紧贴公鹅背部，从翅膀的基部向尾部方向有节奏地进行按摩，按摩频率1次/1～2秒，共按摩4～5次。每次按摩时右(左)手挤压公鹅的尾根部(易引起公鹅性兴奋的部位)，与此同时，用左(右)手有节奏地按摩腹部后面的柔软部，当感觉阴茎在泄殖腔内稍有勃起时，便用拇指和食指开始按摩泄殖腔环的两侧，阴茎即会勃起伸出，射精沟闭锁完全，精液会沿着射精沟从阴茎顶端快速射出。

(3)精液的收集　当精液射出时立刻用消过毒的集精杯稳、准、快地接取公鹅阴茎末端所排出的精液，要求集精杯温度与精液温度接近。鹅精液用水禽集精杯(图6-1)收集。

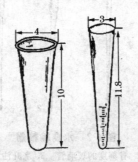

图6-1　水禽集精杯　(单位：厘米)

(4)采精的注意事项　采精频率根据具体情况而定，一般可连续采2天，休息1天，或隔1天采1次。

要求采精人员和保定人员密切配合，采精时态度温和，用力适度,防止粗暴行为;收集精液时,不要把集精杯靠泄殖腔太近,尽量避免精液的污染;采精用的一切器具,必须经过清洗、灭菌、干燥后才可使用,见图 6-2。

2. 精液品质的检查

(1)外观检查　主要检查精液的颜色是否正常。正常无污染的精液呈不透明、乳白色液体;混入血液时呈粉红色;被粪便污染时呈黄褐色;有尿酸盐混入时呈粉白絮块状。凡被污染的精液会发生凝集和变形,品质下降,受精率低,不宜用于人工授精。

(2)精液量检查　每次按摩获得的精液放入有刻度的集精杯中,测其 1 次射精量。鹅的射精量会因品种、年龄、季节、个体差异和采精操作熟练程度而有较大的变化。公鹅平均射精量为 0.1～1.38 毫升。要选择射精量多、品质好的公鹅做人工授精。

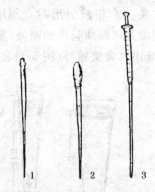

图 6-2　水禽输精器

1,2. 有刻度的玻璃管　3. 毫升注射器

(3)精子活力检查　精子活力检查是测定直线前进运动的精子数比例。采精后,取精液 1 滴,置于载玻片一端,放上盖玻片,在 37℃条件下,置于 200～400 倍的显微镜下,检查一个视野中做直线前进运动的精子数占整个视野精子总数的百分比。呈直线运

动的精子,具有受精能力;只进行圆周运动或原地摆动的精子均无受精能力。活力高、密度大的精液,在显微镜下精子呈旋涡翻滚状态。精子活力较好的公鹅可达70%以上。

(4)精子密度检查 每毫升精液中所含精子的个数,可用血细胞计数法和精子密度估测两种方法检测。

①血细胞计数板计数法 用血细胞计数板计算精子数较为准确。其方法是先用红血细胞吸管吸取精液至0.5刻度处,再吸入3%氯化钠溶液至101刻度处,即原精液被稀释200倍,摇匀,排出吸管前3滴,然后将吸管尖端放在血细胞计数板与盖片的边缘,使吸管内的精液流入计数板内,在显微镜下计精子数。选计数板上的5个大方格。方格应选位于一条对角线上的5个方格或4个角各取一个方格,再加上中央一个方格。计算精子数时只数精子头部3/4或全部在方格中的精子(用黑色精子表示),计算精子方法见图6-3。

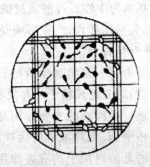

图6-3 计算精子的方法

②密度估算法 在显微镜下观察,可根据精子密度分为密、中等、稀3种情况(图6-4)。密是指在整个视野里布满精子,精子间几乎无空隙,每毫升精液有6亿～10亿个精子;中等是指在整个视野里精子间距明显,每毫升精液有4亿～6亿个精子;稀是指在

整个视野里,精子间有很大空隙,每毫升精液有3亿个以下精子。

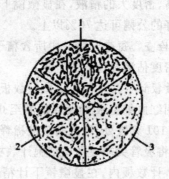

图 6-4　精子密度
1.密　2.中等　3.稀

③精液的 pH 值　用 pH6.4~8.0 的精密试纸测定。各品种公鹅精液的 pH 值基本为中性。过酸或过碱都表明精液品质异常或受到污染,精子易失活而死亡,严重影响受精率。

(5)精液的稀释和保存

①精液的稀释目的　一是增加精液的容量,提高公鹅一次射精量的可配母鹅只数;二是延长精子的存活和受精能力的时间。

②精液的稀释液　稀释液的主要作用是为精子提供能源,保障精子细胞的渗透压平衡;稀释液中的缓冲液可防止精子在自身代谢过程中所产生的乳酸对精子的有害作用;在精液的稀释保存液中添加抗生素可以防止细菌的繁殖等。实践证明,常用的精液稀释液中以 pH 值 7.1 的 Lake 和 BPSE 稀释液效果最好,见表6-1。

③精液稀释的倍数　根据精子活力和密度来确定稀释倍数。一般以稀释1~3倍的效果较好。

④精液稀释的方法　稀释液要求现用现配,并与精液等温;稀

释时将配好的稀释液沿着管壁缓慢注入精液中。

表 6-1　鹅人工授精常用的几种稀释液配方　（单位：克/毫升）

稀释液	葡萄糖	果糖	谷氨酸钠	氧化镁	醋酸镁	氯化钠	醋酸钠	柠檬酸钠	磷酸二氢钾	磷酸氢二钾	NaOH（毫克）	BES	TES
Lake 液	0.600	—	1.520	—	0.080	—	0.128	—	—	5.8	3.050		
BPSE 液	—	0.500	0.867	0.034	—	0.430	0.064	0.065	1.27	—			0.195
生理盐水	—	—	—	—	1.000	—	—	—	—	—			

　　注：其数值均为加蒸馏水配制成 1 000 毫升稀释液之用量。BES 即 N・N-二(2-羟乙基)-2 二氨基乙烷磺酸，TES 即 N-三(羟甲基)甲基-2-氨基乙烷磺酸。每毫升稀释液加青霉素 1 000 单位，链霉素 1 000 微克。如果条件限制不能配制专门的稀释液，也可用生理盐水、新鲜牛奶代替。

　　⑤精液的保存　稀释后的精液通常直接用于输精。若需要保存一段时间(72 小时内)再输精，则一般采用低温(2℃～5℃)逐渐降温保存方法。但切不可认为保存的温度越低越好。如果是在 0℃情况下保存，会造成精子的冷休克，即使恢复适宜的生存温度，精子也不会再复苏，而丧失其活力。如果要长期保存，应先将采得的精液按 1:3 稀释，置于 5℃条件下冷却 2 分钟，再加入 8％甘油或 4％二甲基亚砜，在 5℃条件下平衡 10 分钟，然后用固体二氧化碳(干冰)或液氮进行颗粒或安瓿冷冻，冷冻后存放于液氮(－196℃)中。

　　(6)输精　鹅阴道开口较深不易外翻，所以鹅的输精比鸡困难。为此要选用合适的输精器，科学的输精方法，选好适宜的输精时间和输精剂量。

　　①输精器　目前尚无专门鹅的输精器，多为改装的代用品(见图 6-2)，一般用有刻度的吸管或 1 毫升卡介苗注射器，为了避免损伤鹅的生殖道，在吸管的尖端套上 2 厘米的自行车气门芯或无毒塑料管作为输精管头。每只母鹅使用 1 支输精管头，切不可一支输精管头给数只母鹅输精，以免造成疫病传播。

②输精的方法　输精的方法有两种：手指引入法输精和直接插入法输精。

手指引入法输精：是国际上通用的一种输精法。助手将母鹅保定在输精台上，剪掉泄殖腔周围的羽毛，然后用 70％酒精棉球和生理盐水擦洗泄殖腔周围。之后输精者用消过毒的左手食指从泄殖腔口轻缓地插入母鹅泄殖腔内，往泄殖腔的左侧探明输卵管阴道开口处，右手持盛有精液的输精器，沿手指的方向插入阴道部约 3 厘米处，右手将精液徐徐注入。输精后在母鹅背部轻轻按摩 5 秒钟，效果会更好。

直接插入法输精：将母鹅的尾巴拨向一边，左手的食指、中指、无名指和小指并拢，大拇指紧靠泄殖腔下缘，轻轻向下方压迫，使泄殖腔张开，右手持盛有精液的输精器插入泄殖腔后，向左下方推进，当感到推进无阻挡时，即输精器插入阴道部约 3 厘米处，放松左手大拇指，右手即将精液注入。

③输精时间　母鹅产蛋多集中在每天上午 8～10 时，为此输精时间在 11 时之后进行，最好的输精时间选在每日下午 3 时以后进行。

④输精量　用原精液，每次给母鹅输入的精液量为 50 微升，要求采完的精液 20 分钟内输完。如果用稀释后的精液，每次输精量为 100 微升，要求每次输精量中至少有 4 000～10 000 个有效精子。第一次输精量比平时加大 1 倍可获得良好的受精效果。

⑤两次输精的间隔时间　鹅受精 6～7 天后，受精率急速下降，因此鹅每隔 5～6 天应输精 1 次。第一次输精 72 小时后才能取种蛋。

另外，输精时所用的器具，每次用完都要清洗、灭菌、干燥后备用。

鹅人工授精常用器具见表 6-2。

表 6-2　鹅人工授精器具

名　称	规　格	用　途	名　称	规　格	用　途
集精杯	6～7 毫升	收集精液	生理盐水		稀释用
刻度吸管	0.05～0.5 毫升	输精用	蒸馏水		稀释及冲洗器械用
刻度管	5～10 毫升	贮存精液	温度计	100℃	测水温用
保温瓶和杯	小、中型	保存精液用	干燥箱	小、中型	烘干用具
消毒盒	大号	消毒采精输精用具	冰箱	小型低温	短期贮存精液用
生物显微镜	400～1250 倍	检查精液品质	分析天平	敏感量 0.001 克	配稀释液称药用
pH 试纸	—	检查精液品质	电炉	400 千瓦	供温水、煮沸消毒用
注射器	20 毫升	吸蒸馏水及稀释液	注射针头	12 号	备用
烧杯、毛巾、脸盆、试管刷、消毒液等		消毒、搞卫生用			

⑥在黑龙江省用狮头鹅与黑龙江白鹅应用人工授精技术进行经济杂交的思考　狮头鹅原产于我国的广东省,它具有体型大、生长快、产肉多、蛋重高、耐粗饲等优点,是世界著名的大型良种肉用鹅。黑龙江白鹅具有体型小、耐寒、耐粗饲、产蛋量高的优点,但与狮头鹅相比生长速度慢。随着黑龙江省养鹅业的快速发展,黑龙江省依安天鹅公司于 1999—2000 年,从广东先后引进 2 000 多只狮头公鹅,通过人工授精技术,解决了狮头鹅与黑龙江白鹅间因体重差异悬殊而造成的交配困难,并获得了一批杂交鹅群。杂种一

代与白鹅在相同饲养条件下,10周龄的体重达4.0千克以上,当地白鹅2.8千克,体重提高43%,发挥了其杂交优势,达到提高生产力的目的。可是一旦进入北方的繁殖期(3月末),狮头母鹅就停止了产蛋,狮头公鹅的精液品质和精液量直线下降。笔者2000年8月份至2001年7月份对哈尔滨地区某养殖户饲养的狮头鹅(冬季舍内饲养)和黑龙江白鹅(各10只)各月份的产蛋量与可照光的升降变化进行了调查,结果见表6-3。

表6-3　狮头鹅、黑龙江白鹅产蛋量统计比较

月份	哈尔滨地区可光照总时数	平均每天可光照小时数	狮头鹅月平均产蛋枚数	黑龙江白鹅月平均产蛋枚数
1	282	9.1	6.2	
2	290.8	10.39	4.2	2.6
3	368.2	11.88	2.0	8.6
4	405.2	13.51		13.0
5	478.4	15.43		14.0
6	467.4	15.58		9.7
7	472.3	15.24		1.8
8	435	14		0
9	374.1	12.47		1
10	337.2	10.88	1.3	1.3
11	283.1	9.44	4.5	
12	269	8.64	5.3	

从表6-3可看出,黑龙江白鹅11月份至翌年1月份为休产期,此阶段每日光照可在8.64~9.1小时;2~7月份为白鹅的繁殖期,此期光照可达10.39~15.58小时,产蛋高峰在3~6月份,此阶段每日可光照10.39~15.58小时,由此说明黑龙江白鹅每日

光照由短变长有利于白鹅繁殖。相比之下,广东狮头鹅 3 月末至 9 月末为休产期,此阶段每日平均可光照 12.47～15.58 小时;10 月份至翌年 3 月初为繁殖期,此阶段每日平均可光照在 8.64～11.88 小时;11 月份至翌年 2 月份为狮头鹅产蛋高峰期,每日平均可光照在 8.64～10.39 小时。这说明狮头鹅从长光照变成短光照,即短光照季节有利于狮头鹅的繁殖。从表中还可以看出,当狮头鹅在昼夜等长光照之后,光照再延长,即促使广东狮头鹅休产。综上所述,狮头鹅和黑龙江白鹅这两个品种均属于季节性繁殖鹅种,只因长期所处的地理位置不同,其繁殖季节存在着明显的时间上的差异。这一事实告诉我们,只有狮头鹅和黑龙江白鹅繁殖期同步,才能彻底解决用人工授精技术进行经济杂交的目的。为此就必须对狮头鹅采取人工暗室缩短光照时间的技术措施,时间是从 2 月份开始,光照时间控制在 9 小时之内。

(五)配种年龄和配种比例

1. 配种年龄 鹅的配种年龄过早,不仅对其本身的生长发育有不良影响,而且受精率低。鹅的配种年龄与品种、性成熟早晚有关。黑龙江当地白鹅、籽鹅、豁眼鹅为早熟小型鹅品种,在 180 日龄左右达到性成熟时即可开始配种。莱茵鹅为中型鹅品种,210～240 日龄达到性成熟时配种为宜。晚熟品种 240～270 日龄可进行配种。

2. 公、母鹅配种比例 公、母鹅配种比例直接影响受精率的高低。配种比例因鹅的品种、配种方法、季节、饲养管理条件不同而异。一般小型品种,自然配种的公、母鹅比例为 1:5～6,中型品种为 1:4～5,大型品种为 1:3～4。采用人工授精技术配种公、母鹅比例一般为 1:20～30。

(六)种鹅的利用年限

鹅的寿命长,繁殖年龄比其他家禽长,母鹅第一个产蛋年的产蛋量较低;第二个产蛋年比第一个产蛋年增加 15%～20%;第三个产蛋年比第二个产蛋年又增加 15%～20%;从第四个产蛋年开始,产蛋性能下降,因此母鹅以利用 3～4 年为宜。公鹅最多利用 3 年就应更新。

(七)鹅群结构

一般种鹅群是由多个年龄段的鹅组成,其构成比例如下:1 岁鹅占 35%～40%,2 岁鹅 30%～35%,3 岁鹅 25%,4 岁鹅 5%～10%。

二、鹅种蛋孵化技术

孵化是家禽繁殖的一种特殊方法。鹅的繁衍和其他家禽一样,胚胎发育经过两个阶段。第一是母鹅体内发育阶段(成蛋阶段),即从排卵、受精至蛋的产出。第二阶段是母体外发育阶段(成雏阶段),即蛋从母体产出后,胚胎在适当的条件下,继续发育,经过一段时间后发育成雏鹅,这一过程就称为孵化。

孵化是鹅生产中重要环节,它不仅影响孵化率的高低,而且直接影响雏鹅发育及种鹅的生产性能。

鹅的孵化可分为天然孵化和人工孵化。天然孵化是利用母鹅就巢性来孵化鹅蛋,这是不能满足现代养鹅生产需要,为此必须采用人工孵化法。人工孵化就是模仿母鹅孵化鹅蛋的方法,人为地掌握适宜的孵化条件为鹅胚胎发育创造良好的环境。

人工孵化是现代养鹅业生产中的一个重要环节,人工孵化也步入企业化、机械化、自动化,确保了种蛋的孵化率与健雏率,提高了养鹅的经济效益。

鹅胚胎发育的好坏,孵化率的高低,除受孵化条件影响外,还取决于种蛋品质的优劣,即蛋内营养物质的完善和胚胎生活力的强弱。如果种鹅不健康,近亲繁殖,公鹅质量不佳,且营养不良,种蛋管理不符合要求等,都会造成种蛋品质的低劣。因此,提高孵化率要从选择健康优质公、母种鹅入手,并重视种鹅的饲养管理,繁育方法,以提高种蛋品质;加强种蛋的管理、选择和消毒工作,以保持种蛋的优良品质。为此,必须了解种蛋的构造与作用,根据鹅胚胎发育的特殊要求,创造适宜的孵化条件。

(一)鹅蛋的构造和作用

鹅蛋是由蛋壳、护壳膜、壳膜、气室、蛋白、蛋黄、系带、胚珠(或胚盘)等 8 个部分组成,鹅蛋结构示意见图 6-5。

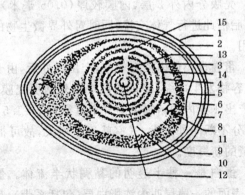

图6-5 鹅蛋结构示意图

1. 胶护膜 2. 蛋壳 3. 蛋黄膜 4. 系带层浓蛋白

5. 内壳膜 6. 气室 7. 外壳膜 8. 系带 9. 浓蛋白

10. 内稀蛋白 11. 外稀蛋白 12. 蛋黄心 13. 深色

蛋黄14. 浅色蛋黄 15. 胚珠或胚胎

1. 蛋壳　蛋壳是蛋最外层的硬壳,包裹和保护蛋的内容物。据测定,黑龙江白鹅蛋壳厚度达 0.5～0.7 毫米,蛋壳重约为全蛋重的 15%～17%,主要由碳酸钙组成,孵化过程中供给胚胎钙营养。

蛋壳上密布 4～10 微米的孔隙(气孔)。据测定,黑龙江白鹅气孔数为 55～65 个/厘米²,蛋的钝端气孔最多,胚胎发育过程中通过气孔进行气体交换和水分的代谢。蛋壳还具有透视性,用强光照射可观察到蛋的内部,便于检查蛋的品质和观察胚胎的生长发育。

2. 护壳膜　紧贴在蛋壳外面的一层可流性胶质薄膜,为水溶性的黏蛋白,称护壳膜。产蛋时起润滑作用,蛋产出后遇空气即凝固、密封蛋壳上的气孔,可防止细菌侵入及蛋内水分的蒸发。但长期保存或洗涤,护壳膜即脱落。

3. 壳膜　壳膜分内外 2 层,内膜较厚(0.05 毫米),两层壳膜均有气孔,胚胎借此进行气体交换,同时对外界微生物的侵入起一定的屏障作用。

4. 气室　蛋在母鹅体内没有气室,产出体外后,由于蛋温逐渐下降,蛋的内容物发生冷缩,使蛋的钝端内外两层壳膜分离,形成一个气室。产出 1 天内的新鲜蛋的气室直径为 1～1.5 厘米,种蛋存放愈久,水分不断向外散发,气室就逐渐增大,故可根据气室的大小来判断蛋的新鲜度。

5. 蛋白　蛋白是一种半透明的黏稠状半流体。蛋白分为 4 层,紧贴蛋黄表面的一薄层叫内浓蛋白层(包括系带),其外为内稀蛋白层,再往外的 2 层分别叫外浓蛋白和外稀蛋白。鹅蛋白占全蛋重的 57.8%～62.8%,随着蛋存放时间的延长,在蛋白中酶的作用下,浓蛋白逐渐变稀,稀蛋白随之增多,所以蛋白的浓稠度也是判别蛋的新陈的重要依据之一。蛋白内含有许多营养物质,鹅蛋白含水分 86.7%,蛋白质 11.6%,脂肪微量,灰分 1.3%,供鹅胚胎生长发育之需要。

6. 蛋黄 蛋黄是一种不透明的黄色半流动物体,由一层卵黄膜包裹着。鹅蛋黄占全蛋重 25.9%～30.4%,由于蛋黄脂肪含量高 13.3%,比重轻,常浮在蛋的上方。蛋黄中含蛋白质 17.3%、水分 44.1%,灰分 1.3% 和维生素,可为胚胎发育提供营养物质。

7. 胚珠或胚盘 在蛋黄上(卵黄膜的下方)有 1 个小白圆点,称为胚珠。如果卵受精后,在输卵管下移的过程中,受精卵经多次分裂,形成中央透明、周围较暗的盘状囊胚,叫做胚盘,它较胚珠大,是胚胎体外发育的原始点。

8. 系带 系带是由内浓蛋白在输卵管蛋的形成过程中,蛋黄旋转前进,前后两端扭曲形成的,位于蛋黄两端的纽带状物。它起到固定蛋黄位置的作用,使蛋黄的位置始终保持在蛋的中央,不与壳膜接触。如果是陈蛋,系带逐渐被水解,变细,最终消失。

(二)种蛋的管理

1. 种蛋的选择

(1)种蛋来源 引种时首先要注重种鹅的品质。种蛋应来自饲喂营养全价的饲料,管理科学,生产性能高,受精率高,体质健康的鹅群。产地不能是疫区,必须取得引种证明、免疫证明及运输证明。

(2)新鲜程度 据黑龙江省铁力悦威牧业有限公司孵化场对鹅蛋保存时间与孵化效果的测定结果(表 6-4)可见,鹅种蛋保存时间愈短,胚胎生活力愈强,孵化率愈高。产出 7 日后入孵,孵化率显著下降,故以产后 1 周内的种蛋入孵为宜,3～5 天为最好。如果蛋壳发亮,气室大,多是陈蛋,不宜用于孵化。

表 6-4　种蛋保存天数与受精蛋孵化率的关系

保存天数	受精蛋孵化率(%)
1	88
4	87
7	79
10	68
13	56
16	44
19	30
22	26

（3）蛋重及蛋形　不同鹅品种的蛋重不同,应选择符合品种的标准蛋重,要求种蛋大小适中。过大、过小、过圆、过长、其他的畸形种蛋孵化率均低,根据铁力悦威牧业有限公司孵化场检测结果,黑龙江白鹅选择蛋重为 110～150 克,而引进莱茵鹅蛋重为 130～180 克,蛋形指数(蛋的纵径与横径之比)均在 1.4～1.5,其孵化率较高,初生雏鹅健壮,活泼,利于饲养,成活率高。

（4）蛋壳质量　蛋壳结构应致密均匀,厚薄适度。砂皮蛋、钢皮蛋、蛋壳破损的均不能当种蛋进行孵化。

（5）蛋壳清洁度　要求种蛋蛋壳洁净,不得附着粪土、蛋白、蛋黄等污染物。

（6）照蛋观察　肉眼选蛋只能观察到蛋的形状大小,因此最好通过照蛋观察,将裂纹蛋,砂皮蛋,钢皮蛋,气室过大的陈旧蛋,气室不正常蛋(腰室和尖室蛋),血块异物蛋,双黄、散黄蛋等剔除。

2. 种蛋的贮存　种蛋应该保存在专用的种蛋库内,保持适宜条件,保证收集来的种鹅蛋有较高的孵化率。

（1）温度　种蛋保存的最佳温度为 11℃～15℃,不得高于

24℃,低于 2℃。

(2)湿度　蛋库内空气相对湿度保持在 75% 以上,但湿度过高易长霉菌。

(3)种蛋放置方式　贮存 7 天以内,钝端朝上放置;贮存超过 7 天,应以锐端朝上放置。

(4)翻蛋　种蛋保存 1 周以内,可以不用翻蛋;保存时间超过 1 周时,每天翻蛋 1～2 次,以防蛋黄粘连。

(5)通风　种蛋库要保持良好的通风、清洁,无特殊气味。蛋库内杜绝堆放化肥、农药或其他有强烈刺激性气味的物品,以防异味经气体交换进入蛋内,影响胚胎发育。

3. 种蛋的消毒　鹅蛋在体内、产出后和贮存过程中,都可能感染各种病原微生物。在孵化过程中,因腐败菌等微生物的侵入而造成"炸蛋",为此集蛋后和入孵前的种蛋均须严格消毒,以确保获得较高的孵化率和健雏率。种蛋常用的消毒方法如下。

(1)熏蒸消毒法　是经典常用的消毒法。将种蛋放在密封消毒室的蛋架上,在蛋架底部放一个瓷盆(或玻璃容器),按消毒室每立方米体积用 15 克高锰酸钾,称好放在盆内,先加少许温水,然后按 30 毫升/米^3 用 40% 甲醛溶液,称好放入盆内,人迅速撤离并关上消毒室门,密封熏蒸 30 分钟后,打开门和通气孔,将烟气排尽,以免伤及工作人员的皮肤及呼吸道。然后取出种蛋,送贮蛋室保存(或送入孵化室孵化)。消毒时温度 24℃～27℃、空气相对湿度 75%～80%,可获得较好的消毒效果。

(2)过氧乙酸消毒法　过氧乙酸是一种广谱、高效杀菌剂,能杀灭细菌、芽孢、霉菌和病毒,且具有消毒时间短、使用浓度低、操作方法多(喷雾、熏蒸、浸液均可)等优点。缺点是性质极不稳定,还有一定的腐蚀性和刺激性。一般按每立方米用 20% 过氧乙酸80～100 毫升,再加高锰酸钾 8～10 克,进行熏蒸消毒,消毒后排出气体。

(3)百毒杀喷雾消毒法　百毒杀是含有溴离子的双键四级胺

化合物、细菌、病毒、霉菌等均有消毒作用,没有腐蚀性和毒性。其消毒剂量:每 10 升水中加入 50％的百毒杀 3 毫升,可喷雾或浸渍。

4. 种蛋的运输　引进种蛋时常常需要长途运输。运输过程中如果保护不当,往往引起种蛋破损和卵黄系带松弛,气室破裂等,致使孵化率降低。种蛋最好采用有纸隔的专用蛋箱,逐个将种蛋装入蛋箱内,各层填充锯末或刨花等垫料,以防撞击和震动。夏季运输防止日晒和雨淋;冬季运输蛋箱内温度勿低于 2℃,防冻是关键。到达目的地后,应及时开箱检查,取出破损的蛋。

(三)鹅的胚胎发育

1. 成蛋过程的胚胎发育　成熟的卵细胞从卵巢排出后,很快就被输卵管的喇叭部所接纳,并在此与精子相遇而受精。受精后,卵不断分裂,经囊胚期到原肠期时,蛋产出体外。当温度下降至 23.9℃以下,胚胎暂时停止发育。

2. 鹅胚在孵化过程的发育特征　鹅胚在最适宜的温度、湿度、通风、翻蛋和凉蛋等条件下,经 31 天的孵化,发育成雏鹅破壳而出。

鹅蛋孵化前期胚胎发育主要特征如图 6-6 至图 6-21。

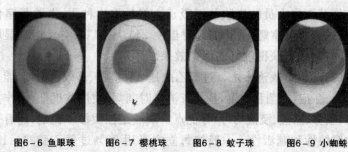

图6-6 鱼眼珠　　图6-7 樱桃珠　　图6-8 蚊子珠　　图6-9 小蜘蛛

图6-6：入孵1～2天，蛋黄表面有一颗稍深、四周稍亮的圆点，俗称"鱼眼珠"。

图6-7：入孵3～3.5天，已经可以看到卵黄囊血管区，其形状像樱桃形，俗称为"樱桃珠"。

图6-8：入孵4～4.5天，卵黄囊血管的形状像静止的蚊子，俗称"蚊子珠"。

图6-9：入孵5.5～6天，胚胎和卵黄囊血管形状像一只小蜘蛛，俗称"小蜘蛛"。

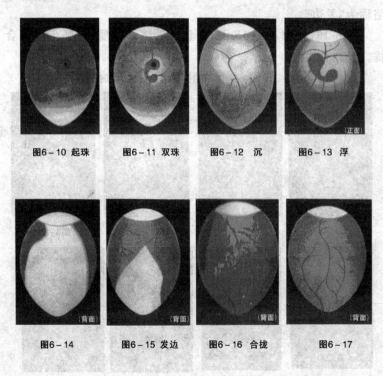

图6-10 起珠　　图6-11 双珠　　图6-12 沉　　图6-13 浮

图6-14　　图6-15 发边　　图6-16 合拢　　图6-17

图6-10：入孵6.5天，明显看到黑色的眼点，俗称"起珠"、"单珠"、"起眼"。

图6-11：入孵8天，胚胎形状似"电话筒"，俗称"双珠"。

图6-12：入孵9天，胚胎活动较弱，加之周围羊水增多，似沉在羊水中，俗称"沉"。

图6-13：入孵的10天，如果从胚蛋正面看，胚胎像在羊水中游泳一样，俗称"浮"。

图6-14：入孵的10天，如果从胚蛋背面看，卵黄囊已扩大到胚蛋的背面。

图6-15：入孵11～12天，胚蛋背面尿囊血管已伸延越过卵黄，俗称为"发边"。

图6-16：入孵14～15天，尿囊血管继续伸展，在胚蛋小头合拢，俗称"合拢"。

图6-17：入孵16天，血管加粗，血管颜色开始加深。

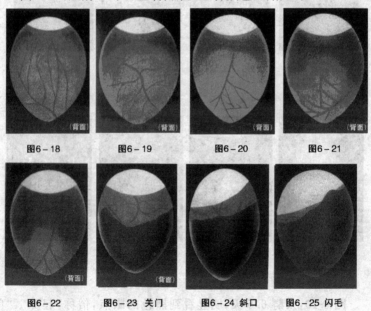

图6-18　　图6-19　　图6-20　　图6-21

图6-22　　图6-23 关门　　图6-24 斜口　　图6-25 闪毛

图 6-18：入孵 17 天，血管加粗，颜色逐渐加深。

图 6-19：入孵 18 天，气室下面出现黑影。

图 6-20：入孵 19 天，气室下面黑影部分逐渐加大。

图 6-21：入孵 20 天，胚蛋内的黑影继续增大，但小头发亮部分逐渐变小。

图 6-22：入孵 21 天，胚蛋内的黑影更大，蛋小头发亮部分更小。

图 6-23：入孵 22～23 天，以胚蛋小头对准光源，已看不到发亮部分，俗称"关门"或"封门"。

图 6-24：入孵第 24～26 天，气室向一方倾斜，俗称"斜口"。

图 6-25：入孵第 27～28 天，气室内可以看到黑影在闪动，俗称"闪毛"。

图6-26　起嘴　　　　图6-27　出壳

图 6-26：入孵 29～30 天，雏鹅用喙将蛋壳啄破，喙伸入气室内，称"起嘴"或"啄壳"。

图 6-27：入孵 30.5～31 天，出壳。

鹅蛋孵化前期胚胎发育主要特征歌诀如下：

入孵第二天，"血岛"胚盘边（图 6-6）；

3～4 天出卵、羊、绒，心脏开始动（图 6-7）；

4.5～5天尿囊现,胚血蚊子现(图6-8);

5.5～6天头尾出,像只小蜘蛛(图6-9);

7天公母辨,明显黑眼珠(图6-10);

8天口形成,头躯像双珠(图6-11);

9天翼喙显,胚沉羊水中(图6-12);

10天显肋、肝、肺,羊水胚浮游(图6-13,图6-14);

11～12天,软骨硬,尿囊已发边(图6-15);

15天躯干覆绒羽,尿囊已合拢(图6-16);

16～17天腺胃可区分,血管粗加深(图6-17,图6-18);

18天肾肠作用起,蛋白入羊腔(图6-19);

19～21天胚胎位置变,脚趾生鳞片(图6-20至图6-22);

22～23天蛋白已输完,小头门已封(图6-23);

24～26天气室开始斜,眼睛开始睁(图6-24);

27～28天头埋右翼下,气室黑影在闪动(图6-25);

29～30天喙入气室里,雏叫肺呼吸(图6-26);

31天出壳齐,雏壮人心喜(图6-27)。

(四)人工孵化场具备的条件

包括孵化场的选址与布局、建筑卫生要求;鹅蛋孵化的工艺流程;人工孵化常用的设备等。

1. 孵化场址的选择与布局

(1)孵化场址的选择　孵化场是最怕污染,又是最易污染的场所。因此,孵化场址的选择要便于卫生防疫。孵化场应与其他生产单位分立门户,与鹅舍至少保持150米以上的距离,以防受到来自鹅舍的病原微生物的威胁。同时,还要远离饲料加工厂等容易受到污染的生产单位。孵化场对外往来多,要求交通便利。

(2)孵化场的总体布局　根据不同的规模和生产任务,应从设施的角度综合考虑防疫、通风、供温、排水和工艺流程之间最合理的配置,可以设计各种不同规格的孵化场。孵化场平面布局见图6-28。

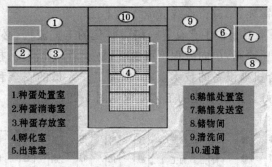

1.种蛋处置室　　　6.鹅雏处置室
2.种蛋消毒室　　　7.鹅雏发送室
3.种蛋存放室　　　8.储物间
4.孵化室　　　　　9.清洗间
5.出雏室　　　　　10.通道

6-28　孵化场平面布局参考示意图

2. 孵化场建筑卫生要求

(1)孵化场的空间要求　孵化场用房的墙壁、地面和天花板,应选用防火、防潮和便于冲洗的材料。孵化场各室(尤其是孵化室和出雏室),最好无梁柱结构,便于安装孵化设备和操作。门高2.4米、宽1.2～1.5米,地面到天花板高3.4～3.8米。孵化室与出雏室之间应设缓冲室,以利防疫。

(2)孵化厅的地面要求　孵化厅的地面要求坚实、平整,可采用水泥或水磨石地面。孵化设备前沿应设排水沟,上盖铁栏栅,与地面保持平整。

(3)孵化厅的温度与湿度要求　环境温度保持 22℃～27℃,空气相对湿度应保持 60%～80%。

(4)孵化厅的通风要求　孵化厅应有良好的排气设施。为了向孵化厅补充新鲜空气,在自然通风不足的情况下,须安装进气风机,新鲜空气最好经空调设备升(降)温后进入室内。

(5)孵化厅的供水　孵化设备加湿、冷却的用水必须是清洁的软水,禁止用含镁、钙较高的硬水。

(6)孵化厅的供电　电源连接三相五线制;每台孵化机应与电

源单独连接并安装保险;须安装备用发电机,供停电时应急;一定要安装避雷装置,避雷地线应埋入地下。

3. 鹅蛋孵化的工艺流程 鹅蛋孵化的工艺流程,必须严格遵守以下几项原则:单向流程不可逆转;易于消毒和清洗;投资少,周转快;符合机器设备的技术要求;保障工作人员的安全和健康;确保通风良好。鹅蛋孵化的工艺流程见图6-29。

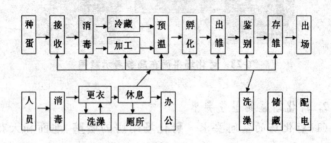

图 6-29 鹅蛋孵化的工艺流程

4. 鹅蛋人工孵化常用设备

(1)孵化设备 目前市售孵化设备的种类繁多(图6-30),按外形孵化机分为平面式、立体箱式、柜式、房间式和巷道式等。无论哪一种孵化器,基本结构是由箱体、热源、温度调节系统、湿度装置、蛋架或蛋车、翻蛋装置、匀热电扇和出雏器组成。但随着技术的发展,原材料的改进,现代孵化机的性能已达到机械化、自动化、标准化;材料遇冷、遇热不变形,抗腐蚀能力强;通风、控温、加湿、翻蛋等均电子计算机控制,精确度极高。

(2)照蛋设备 孵化过程中需要照蛋,将无精蛋、死胚蛋剔除。分为手提式照蛋器、箱式照蛋器、盘式照蛋器。各类照蛋设备见图6-31。

(3)供水设备 有水的软化剂和过滤器。因为水中过多的矿物质会沉积于湿度控制器及喷嘴处,阀门也会关闭,使孵化器无法运行;如果水中的矿物质经检测含量过高,就必须使用软化剂。工作人员的淋浴,设备的清洗和消毒,都需要大量的热水,需要配备热水器等。

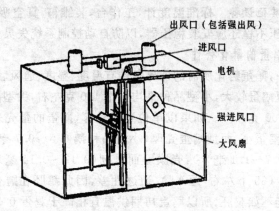

图 6-30　立体箱式孵化机示意图

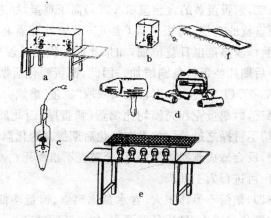

图 6-31　各类照蛋设备示意图

a. 四人照蛋器　b. 单人照蛋器　c. 手提式照蛋器

d. 双头照蛋器　e. 验蛋台　f. 手提式多头照蛋灯

（4）种蛋处理设备　各种类型的小车，用于搬运物资，需专车专用，不可混用；集蛋架，集蛋盘等。

（5）清洗设备　有高压冲洗器，出雏盘洗涤机等。

（6）其他设备　标准温度计，工作台，装雏箱，真空吸尘器，发电机，电压不稳还应安装稳压器，以防自动控制系统失灵。

5. 鹅蛋的孵化条件

第一，鹅蛋孵化所需的外界条件有温度、湿度、通风、翻蛋和凉蛋等。但鹅蛋较大，小型品种平均蛋重130克左右，大型品种平均蛋重达200克以上。如果以单位重量计算，鹅蛋的蛋壳表面积相对鸡蛋、鸭蛋小，而且鹅蛋壳厚（小型品种鹅0.5～0.7毫米，大型品种鹅0.7～1.1毫米），壳膜厚而坚韧（0.12～0.14毫米以上），气孔数少（65个左右/厘米^2），通透性差，因此鹅胚在孵化初期的感温性能不如鸡胚，所以鹅蛋初期供温宜稍高于鸡蛋0.28℃（0.5℉）左右。

第二，鹅蛋蛋黄的含脂量（13.3%）高于鸡蛋，加之鹅蛋的发热值比同重量的鸡蛋、鸭蛋均高（表6-5），因此随着胚胎日龄的增长，胚胎释放热量也日益增加，如果此期不供给足够的新鲜空气，孵化中后期死胚蛋将急剧增加。因此，鹅蛋孵化后期温度宜低于鸡蛋0.56℃（1℉）左右，而且必须采取"凉蛋"措施。

第三，因鹅蛋壳和壳膜均比鸡蛋、鸭蛋厚，因此破壳出雏时间较长，切不可操之过急。如果在孵化后期提高孵化温度，以促进提早出壳，反会造成雏鹅的纤弱，以至破壳不出而死亡。对少数出壳困难者，可进行人工助产。

第四，鹅蛋不但体积大，含水量比鸡蛋、鸭蛋均低，蛋白黏稠，为此在孵化过程中，翻蛋角度要大，便于胚胎转动。

第五，鹅蛋要平放在蛋盘上，切勿直立或斜放，否则影响尿囊的发育，因15天尿囊不易闭合，孵出的雏鹅较消瘦，绒羽上黏结因尿囊未闭合残留的浓蛋白。孵出的雏鹅毛色较浅，体质较弱，平放配合翻蛋的角度大,还可增加胚胎的活动范围,血管网络系统分布更广、更充分,有利于胚胎生活力与孵化率的提高。

表6-5　不同禽蛋(100克)的发热值比较　(单位:千卡)

禽蛋分类	蛋 黄	蛋 白	全 蛋
鸡 蛋	302～384	42～55	173
鸭 蛋	400～420	43～52	225
鹅 蛋	410～425	45～57	243

(1)温度　孵化温度决定着鹅胚胎生长发育进程及胚胎的生活力。因此,孵化温度是孵化率高低的关键。孵化方法分为变温孵化(种蛋来源充足,实行整批入孵)与恒温孵化(种蛋来源不充足,采取分批入孵,俗称老蛋孵新蛋法)。

鹅胚胎发育的外部特征是鹅胚胎发育的标准,也是照蛋和看胎施温的依据。无论是变温孵化还是恒温孵化,都应遵守"看胎施温"的我国传统的孵化经验。在变温孵化的条件下,孵化温度应掌握"前高、中平、后低"的原则,并灵活运用。鹅蛋变温孵化施温参考表6-6。恒温孵化温度应掌握"前平、后低"的原则,施温参考表6-7。在生产实践中要变中求恒,恒中有变,变中求稳,摸索适合本场的孵化规律。

表6-6　鹅蛋变温孵化施温　(℃)

品 种	室 温	1～6天	7～12天	13～18天	19～28天	29～31天	备 注
小型鹅	23.9～29.5	38.1	37.8	37.8	37.5	37.2	适宜冬、早春季
		38.1	37.8	37.5	37.2	36.9	春季
	29.5～32.2	37.8	37.5	37.2	36.9	36.7	夏季
中、大型鹅	23.9～29.5	37.8	37.5	37.2	37.2	37.5	夏季同小型鹅

表6-7　鹅蛋恒温孵化施温　（℃）

胚龄(天)	孵化室温度(℃)	孵化机内温度(℃)
1～27	23.9～29.5	37.8
28～31	23.9	36.8

（2）湿度　湿度也是鹅孵化的重要条件之一。适宜的湿度可使胚胎受热、散热良好。孵化初期（1～8天），要求相对湿度以60%～65%为宜，可使胚蛋受热均匀，减少蛋中水分蒸发，以利于胚胎羊水和尿囊液的形成。孵化中期（9～26天）相对湿度保持55%～60%，有利于胚胎的物质代谢。孵化后期（27～30天）应将相对湿度提高至70%～75%。因为有足够的湿度，才能使水与二氧化碳作用产生碳酸，碳酸能使蛋壳的碳酸钙变为碳酸氢钙，从而使蛋壳变脆，以利啄壳。同时，湿度高还可加速胚胎散热，防止胚胎脱水、雏鹅绒毛与壳膜粘连，促使雏鹅顺利出壳。

（3）通风　鹅胚在发育过程中气体交换量随着胚龄的增长而增加，特别是胚胎转入肺呼吸后耗氧量更大。据测定，孵化机内氧气含量分别为21%，二氧化碳含量在0.5%以下对胚胎发育最有利，当机内二氧化碳含量超过0.5%时，孵化率就会下降，超过1%时，可导致胚胎发育迟缓，或胎位不正，或胚胎畸形甚至引起胚胎大批死亡，孵化率剧烈下降，达5%时孵化率将降至零。

孵化机内的通风换气、温度、湿度三者之间关系密切。当通风量大时，机内温度降低，湿度变小，胚胎内水分蒸发加快，增加能源消耗；通风量小，机内温度高，湿度大，空气流通不畅。因此，通风与温、湿度的调节要彼此兼顾。

此外孵化室的通风换气是一个不可忽视的问题。除保证孵化器与天花板有适当距离外，还应备有排风设备，以保证室内的空气新鲜。

（4）翻蛋　翻蛋可使胚蛋受热均匀，防止胚胎与壳膜粘连（粘连会使胚胎的血液循环受阻);同时,翻蛋可增加胚胎运动,促进胚膜生长,增加了卵黄囊、尿囊血管与蛋黄、蛋白的接触面,有利于营养物质的吸收、水的平衡和改善气体交换,提高胚胎的生活力。

实践证明,孵化鹅蛋每 3 小时翻蛋 1 次比每 2 小时翻蛋 1 次的效果好。落盘后停止翻蛋。翻蛋角度应为 120°(±60°)对减少死胎率,提高孵化与健雏率效果明显。

(5)凉蛋　凉蛋是鹅蛋孵化的一个重要条件。因随着鹅胚龄的增长,蛋温日趋上升,为使胚胎中后期所产生的过多的生理热及时地散发,应适当增加喷水凉蛋的次数和时间。喷洒 28℃～30℃的温水,可以防止蛋温过高,而且将蛋面上的胶质膜洗去,促进蛋壳及蛋壳膜的收缩和扩张,加大蛋壳和壳膜的通透性,促进水分和气体交换,从而增强胚胎的活力,有效提高孵化与健雏率。

凉蛋的方法是,当鹅蛋孵化至第 10～11 天时后,每天凉蛋 1次,开机门拉出蛋车,用温水喷洒蛋面。孵化 20 天以后,每天凉蛋 2 次,每次 30 分钟左右,使蛋面温度降至 30℃～32℃(以眼皮测温,感到温而不凉为宜)后,继续孵化。凉蛋时要根据房间温度灵活掌握,切勿凉蛋过久。

(五)鹅蛋的孵化方法及孵化期的管理

鹅蛋的孵化方法可分为自然孵化法与人工孵化法。人工孵化法又分为电机孵化法、电机摊床孵化法、民间传统孵化法(桶孵法、缸孵法、炕孵法、热水袋孵化法)等。

1. 自然孵化法　自然孵化法是利用鹅天然的就巢性孵化繁殖后代,是一种适合自给自足小生产的孵化方法。

(1)自然孵化法的特点　设备简单、费用低廉、管理方便,孵化效果好。

(2)孵蛋母鹅的选择　应选择产蛋 1 年以上、就巢性强、有孵化经验的母鹅。

（3）孵化前的准备　选择好合格的种蛋，并逐枚编号，注明日期与批次，便于以后管理。孵蛋的巢可以用稻草编扎而成，也可用柳条或篮子代替。孵巢直径约 45 厘米，高度适中，便于孵化管理。孵巢的底部铺干燥、清洁、柔软的垫草，底部为锅底形。每巢孵蛋11～12 枚，可在夜里将就巢母鹅放入巢内，在黑暗的环境条件下，母鹅能安心就巢。

（4）孵化期的管理

①人工辅助翻蛋　一般入孵 24 小时后应每天定时辅助翻蛋2～3 次，及时做好记录。翻蛋时，应先将母鹅从孵巢内移开，然后将边蛋与心蛋对换，上面的蛋与底蛋对换，翻好蛋后再将母鹅移入孵巢内。

②照蛋　孵化过程中一般进行 2～3 次照蛋。头照是在入孵后 7～8 天，取出无精蛋和死胚蛋；二照在第 15 天进行；三照在入孵后第 27～28 天进行。

2. 人工孵化法

（1）机器孵化法　机器孵化具有易于操作和管理，孵化数量大，孵化效果好等优点。机器孵化严格遵守操作程序，才能获得较高的孵化率。

①制定孵化计划　根据育种计划、生产计划或销售合同和种蛋数量、孵化与出雏能力，制定出孵化计划。尽量把入孵、照蛋、落盘、出雏等费时费力的工作错开，以便提高工作效率。

②孵化前的准备

孵化用品用具的准备：孵化前 1 周应将孵化用的温度计、湿度计、照蛋器、消毒用品、防疫注射器、记录表格、易耗元件、电动机等准备齐全。

机器的准备：根据孵化机使用说明书，熟悉和掌握孵化机的性能。在正式开机入孵前，应对孵化机进行全面细致的检查，包括电热器、风扇、电动机、密封性、控制调节系统和温度计校对等，检查完毕后,接通电源进行试运转,并观察风扇转向是否正确、有无杂音,控温系统工作是否正常(要求控温的灵敏度在 ±2 ℃),检测孵化器有效区域各部的温度(要求温度稳定性 ≤ 0.4℃),试机2～3 天,发现问题及时解决。

入孵前种蛋预温:入孵前预热种蛋,能使胚胎发育从静止状态中逐渐"苏醒"过来,除去蛋表凝水,减少孵化器里温度下降的幅度,以便入孵后立刻消毒种蛋,有益于孵化率的提高。

码盘入孵:将鹅种蛋水平地码在蛋盘上,标记好品种、数量、批次、入孵的机台号、入孵时间。入孵时间以下午 4 时以后为好,这样可使大批出雏时间在白天,有利于操作。

孵化前的消毒:孵化机与种蛋消毒同时进行。通常采用甲醛(14 毫升/米³)、高锰酸钾(7 克)熏蒸消毒 30 分钟。然后打开排气孔,将烟气排尽。

③孵化期间的管理技术

温、湿度的调节:整机入孵的种蛋,要求在入孵后 8 小时之内,温度、湿度均应升到规定范围,否则影响孵化效果。安排值班人员 24 小时观察。一般每隔 30 分钟观察 1 次门表所示的温度、湿度,2 小时记录 1 次。

翻蛋:应按孵化制定的翻蛋起始时间、间隔时间、翻蛋的角度等进行。遇到停电时,在可能的条件下仍须翻蛋。

照蛋:照蛋要稳、准、快,尽量缩短时间。抽盘时有意识地对角倒盘(即左上角与右下角孵化盘对调,右上角与左下角孵化盘对调)。放盘时,孵化盘要固定牢,照蛋完毕后再全部检查 1 遍,以免转蛋时滑出。最后统计无精蛋、死胚蛋及破蛋数,登记入表。

各次照蛋的日龄、无精蛋、死胚蛋、活胚蛋的区别及胚胎发育的强弱情况,见表6-8 胚蛋照检一览表和图 6-32 各照胚蛋示意图。头照蛋若 75% 以上胚蛋符合标准要求,只有少数胚蛋发育稍快或稍慢,死胚蛋占受精蛋总数的比率为 3%～5% ,二照为2%～4% ,三照为 2%,

说明孵化条件掌握得当,胚胎发育正常。如果比率相差过大,说明孵化条件掌握不当,应立即分析原因,及时采取补救措施。

表 6-8　胚蛋照检一览表

		头　照	二　照	三　照
照蛋日龄		7	15～16	24
照蛋特征		"起珠"、"双珠"	"合拢"	"闪毛"
无精蛋情况		蛋内透明,隐约呈现蛋黄浮动暗影,气室边缘界限不明显	蛋内透明,蛋黄暗影增大或散黄浮动,不易见暗影,气室增大,边缘界限不明显	
胚胎发育情况	活胚蛋	气室边缘界线明显,胚胎上浮,隐约可见胚体弯曲,头部大,有明显黑点,躯体弯,有血管向四周扩张,分布如蜘蛛状。 弱胚体小,血管色浅、纤细、扩张面小	气室增大,边界明显,胚体增大,尿囊膜血管明显向尖端"合拢"包围全部蛋白。 弱胚发育迟缓,尿囊膜血栓管还未"合拢",蛋的小头淡色透明	气室显著增大,边缘界线更明显,除气室外胚胎占蛋全部空间,漆黑一团,只见气室边缘弯曲、血管粗大,有时见胚胎黑影闪动。 弱胚气室边缘平齐,可见明显血管
	死胚蛋	气室边缘界线模糊,蛋黄内出现 1 个红色的血圈或半环或血条(蛋黄血液循环的血管残迹)	气室显著增大,边界明显。蛋内半透明,无血管分布,中央有死胚团块,随转蛋而浮动,无蛋温感觉	气室更增大,边界不明显,蛋内发暗,浑浊不清,气室边界有黑色血管,小头色浅,蛋不温暖
照蛋目的		1. 观察初期胚胎育是否正常。 2. 剔除无精蛋和死胚蛋	1. 观察前中期胚胎发育是否正常 2. 剔除死胚蛋和头照遗留的无精蛋	1. 观察前、中、后期胚胎发育是否正常 2. 剔除死胚蛋以利活胚蛋转入出雏机出雏

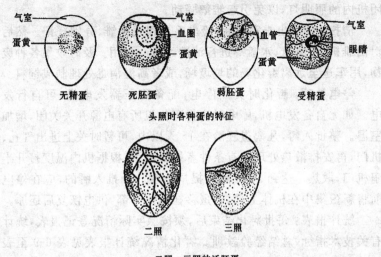

头照时各种蛋的特征

二照、三照的活胚蛋

图 6-32　各照胚蛋特征

凉蛋：鹅蛋孵化进入中、后期要特别重视散热和通风换气，搞好喷水和凉蛋工作。

移盘（落盘）：鹅蛋在入孵后的第 28 天，进行最后 1 次照蛋检查，将死胚蛋剔除后，把发育正常的鹅蛋转入出雏机内继续孵化，叫做"移盘"。移盘后应注意提高出雏机内的湿度和加大通风量。

出雏：成批出雏后，每 4 小时左右捡雏 1 次。也可以当出雏达 30%～40% 时捡第一次，达 60%～70%% 时捡第二次。捡雏时要轻、快，尽量避免碰破胚蛋。在捡毛干雏的同时，捡出蛋壳，以防蛋壳套在其他胚蛋上，闷死鹅雏。

人工助产：在出雏末期，对已啄壳但无力出壳的弱雏可进行人工破壳助产。助产要在蛋壳膜上的血管枯黄时方可施行，把头、颈、翅拉出壳外，令其自行挣扎出壳。壳膜尿囊血管鲜红时，不可助产，否则容易引起大量出血，造成雏鹅死亡。出雏开始后，应关闭机内的照明灯,以免引起雏鹅骚动。

清扫消毒:出雏完毕后,捡出毛蛋和残死雏,分别登记。然后对出雏机、出雏盘、水盘等进行清洗、消毒,备用。及时收集各种废物,用车送至远离孵化场的垃圾场,或者高温消毒处理制成饲料。

停电处理:孵化时突然停电,配备稳压器发电机,可自行发电。如无自备发电机,停电时应将孵化机所有电源开关关闭,增加室温。整批入孵,凡鹅蛋胚龄在 15 天以内,可暂时关上进出气孔、机门,再安排散热处理。有条件者按时翻蛋,根据机内温度打开半扇机门,散热。达到 26 胚龄可提早落盘。分批入孵的,应在停电前将新蛋集中在机体上部,老蛋移在机体下部,供电恢复后还原。

统计报表:每批孵化结束后,须按照实际情况登记报表,统计有关技术指标,总结经验教训。孵化情况统计报表见表 6-9 至表6-12。

表6-9 孵化进度表

批 次	入孵时间	头照时间	二照时间	三照时间	出雏时间

表6-10 摊床温度记录表

日期	批次	胚龄	室温	项　目	时间(小时)											
					18	20	22	24	2	4	6	8	10	12	14	16
				被内温度												
				蛋　温												
				覆盖物												

表 6-11　孵化情况一览表

批次	入孵日期	种蛋来源	入孵数量	预计出雏日期	头照				二照				三照				出雏				毛蛋数	受精蛋数	受精率	入孵蛋孵化率	备注
					合计	无精蛋	死胚	破损	合计	死胚	破损	上摊数	合计	死胚	破损	上摊数	健雏	残羽	死亡	出雏总数					

表 6-12　温、湿度表

日期（月、日）	项　目	每日观测时间（小时）												备注（可准确记明何处温湿度）
		18	20	22	24	2	4	6	8	10	12	14	16	
	温　度													
	湿　度													
	温　度													
	湿　度													

　　3. 电机摊床孵化法　根据鹅胚胎发育特点，由于后期胚蛋产热量较高，故现在我国的许多地方，对鹅蛋前期采用机械孵化，后期在孵化机的上部建摊床进行孵化，孵化效果很好。电机摊床在孵化室内的设置如图 6-33。

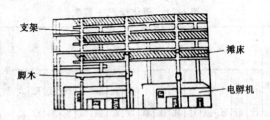

图 6-33　电机摊床在孵化室内的设置

摊床为木制的床式长架,设 2～3 层,每层间距在 80 厘米,床长与房屋长相等,宽度不超过两人的臂长,以便于对面操作。摊床边缘钉有 15～20 厘米的木板。每层的床面上铺用粗布做成的长条袋,其内装满稻草、芦苇或稻壳、锯末、旧棉絮等。

在二照以后,鹅蛋就可以上摊床进行自温孵化。为使摊床胚蛋温度保持适当和均匀,采取以下调温措施:将中间的蛋与边上的蛋互换位置,每昼夜至少 2 次;增减摊床上的覆盖物;调节胚蛋的密度(密度大易升温,密度小有利散热);启闭门窗等。

4. 传统孵化法　包括桶孵法、缸孵法、炕孵法、热水袋孵化法等。其共同优点是设备简单、成本低廉;缺点是靠经验探温和调温,初学者不易掌握,操作时劳动强度大。在这些方法中,以热水袋法为最好。热水袋孵化法,正常情况下出雏率(按受精蛋计算)能达到 85%,高的达 90% 以上。如采用热水袋孵化法,孵前需要在火炕上修一围栏(用木板或红砖均可),围栏宽度应根据水袋宽度而定,一般 100 厘米宽的水袋围栏宽 90 厘米,长度根据孵化量自定,高 12 厘米左右。水袋加水高 5～6 厘米,水袋上铺一层牛皮纸或床单,然后放蛋,用棉被、棉毯覆盖。

(六)孵化效果的检查与分析

鹅蛋在孵化过程中,通过照蛋、失重多少、出雏和雏鹅的状态观察,死胚的剖检和死亡曲线,并结合种蛋的品质及孵化条件等综合分析,查明原因,做出客观判断,并以此作为改善种鹅的饲养管理、种蛋管理和孵化条件的依据。这项工作是提高孵化率的重要措施之一。

1. 照蛋 通过照蛋可以全面了解鹅胚胎发育情况,了解所用的孵化条件是否合适。

2. 蛋在孵化期的失重 在孵化过程中,由于蛋内水分蒸发,胚蛋逐渐减重,其失重多少,与孵化器中的相对湿度、蛋重、蛋壳质量及胚胎发育阶段不同而异。

据实测结果表明,种蛋在孵化 7 天内失水率在 3％～6％;7～20 天失水率在 8％～11％;整个孵化期失水率在 12％～13％。蛋在孵化期的失重过多或过少均对孵化率和雏鹅质量不利。

应当指出,有时鹅蛋在相同湿度下,蛋的失重可能相差很大,可是无精蛋和受精蛋的失重并无明显差别。所以不能用种蛋失重作为胚胎发育是否正常或影响孵化率的唯一标准,仅作参考指标。

3. 出雏期间的观察

(1)出雏持续时间 孵化正常时,出雏时间有明显的高峰,一般在 30～30.5 天全部出齐;孵化不正常,无明显的出雏高峰,出雏持续时间长,至 31 天以后仍有不少未破壳的胚蛋。

(2)初生雏的观察 观察初生雏的精神状态、结实程度、体重、卵黄吸收、脐部愈合及绒毛色泽等。

(3)残雏、死雏外表的观察 尤其要观察卵黄吸收情况,脐部愈合状态。

(4)死胚的剖检与死亡曲线的分析

①死胚的剖检 死胚剖检前首先观察死胚啄壳情况,是啄壳后死亡,还是未啄壳死亡,啄壳的部位、啄壳洞口有无黏液,然后打开胚蛋,判断死亡的胚龄,观察皮肤、绒毛、内脏、腹腔、胸腔、卵黄囊、尿囊等有何病理变化,查明鹅胚死亡的原因。

②死亡曲线的分析　鹅蛋孵化正常时,胚胎在发育过程中有2个死亡高峰。第一个死亡高峰出现在孵化的2~4天,第二个死亡高峰出现在26~30天。

第一个死亡高峰正是胚胎生长迅速,形态变化显著时期,各种胎膜相继形成,但作用尚未完善。胚胎对外界环境的变化是很敏感的,稍有不适,胚胎发育便受阻,以至夭折。第二个死亡高峰是鹅胚胎正处于尿囊绒毛膜呼吸过渡到肺呼吸时期。胚胎生理变化剧烈,需氧量剧增,其自温猛增,传染性胚胎病的威胁更突出。此期倘若通风换气、散热不佳,势必有一部分本来较弱的胚胎不能顺利破壳出雏。

据悦威公司孵化场数据统计,共入孵小型品种鹅蛋30批次,总计451 006枚受精蛋,孵出374 511只雏鹅,受精蛋孵化率平均为83%(80%~86%),头照(孵化第八天)死胚蛋占2%~2.5%,8~31天死胚蛋占6.7%~10.5%,这是接近正常的死胚分布情况。孵化前期死胚绝对数量增加,多属遗传因素、种蛋贮存或种蛋消毒不严,孵化温度过高或过低、翻蛋不足等原因所致,孵化中后期死胚率高,多属种蛋带有病原体、气室异位、遗传因素、孵化条件不适等造成。

(5)死胚和死雏的微生物检查　当孵化效果较差时,可对死胚、死雏进行抽样,做微生物检查,以查明是否因疾病导致孵化率降低。

第七章　北方种鹅饲养管理技术

　　种鹅生产是养鹅生产中的重要环节。根据种鹅不同生长阶段,可将种鹅划分为雏鹅、后备鹅、成年种鹅等,根据种鹅的不同生长阶段的不同生理要求,进行科学的饲养管理,充分发挥种鹅的生产潜力,保证高产、稳产、优质、低耗,以获得较高的经济和社会效益。

一、雏鹅的培育

　　雏鹅是指孵化出壳后至 4 周龄(28 天)的小鹅。雏鹅的培育是种鹅生产中一个重要的基础环节。雏鹅培育的成功与否,直接影响着雏鹅的生长发育和成活率,直接影响种鹅的种用价值,因此必须高度重视雏鹅的培育工作。

(一)雏鹅的特点

　　根据雏鹅的生理特点和生活习性,采取科学的饲养管理措施。

　　1. 体温调节功能较差　雏鹅刚出壳,全身仅覆稀薄的针状绒毛,保温性能差,对外界环境的适应能力和抵抗力也较弱。随着日龄的增加,以及羽毛生长,雏鹅体温调节功能逐渐增强,3 周龄时,才能比较适应外界气温的变化。因此,在雏鹅阶段需要人工供给适宜的环境温度,以保证正常的生长发育。

　　2. 生长发育快、新陈代谢旺盛、消化能力弱　雏鹅生长速度快,21 日龄的体重约为初生重的 10 倍;雏鹅体温高,呼吸快,新陈代谢旺盛;但雏鹅消化道容积小,消化吸收能力差,而且食入的食物通过消化道的速度快(雏鹅平均保留 1.3 小时,雏鸡为 4 小时)。

因此,要保证充足饮水量,喂给含粗纤维低、易于消化吸收、营养丰富的配合饲料;青饲料要求选择新鲜、幼嫩的茎叶。饲喂时应少量多餐,适当延长采食时间,保证营养物质的供应,满足雏鹅快速生长发育的需要。

3.公、母雏生长速度不同　在同样的饲养管理条件下,公雏比母雏增重高 5%～25%,单位增重耗料也少。公、母雏分群饲养可提高成活率和饲料报酬,母雏也比混饲时体重大。

4.抗逆性差,易患病　雏鹅个体小,机体各项功能尚未发育完善,故抵抗力和抗病力较差,加上育雏期饲养密度较高,容易感染各种疾病,因此要加强管理,减少应激,做好卫生防疫。

(二)育雏方式

1.火炕育雏　利用火炕的热源孵化鹅蛋的方法。炕面与地面齐平或稍高,另设烧火间,或利用现有的农家火炕;要求炕面无裂缝、不冒烟、受热均匀。此法基础设施成本投入低,适合小规模饲养户使用,在广大农村使用广泛。

2.地面育雏　在舍内的地面上铺设 5～10 厘米的锯末或秸秆等垫料,然后在其上育雏。

该法投资少,简便易行,但需要大量的垫料,并需要经常更换,以保证其新鲜、干燥,故工作量较大。一般来说,此法比较适合在育雏的中、后期采用。

3.网上育雏　在规模化、集约化生产中,大多采用网上育雏的生产方式。在育雏舍内地面上搭建高 50～80 厘米的支架,然后在其上铺置专用的塑料网。此法的优点是能使粪便漏下,避免了雏鹅与粪便的直接接触,在一定程度上减少了疾病发生的机会,有利于雏鹅的生长发育。

在网上育雏的早期生产中,常会出现雏鹅的肘部漏到网眼内而被踩伤或者致残的现象,因此在育雏的前 7 天内可采取在网上铺置垫草或其他垫料的措施(此法还可起到吸潮、有效降低舍内湿度的作用)。

(三)育雏前的准备

1. 育雏季节选择 在北方育雏季节选在每年的 3 月中旬以后,因在北方 4 月份青草萌芽,为了充分利用自然资源,节省成本,在 2 月中旬后开始孵化,经 1 个月育雏时间,即 4 月中旬后,当气候转暖时,可将大的雏鹅放在草地上放牧,不但鹅长得快,而且成本低、收益大。

种雏尽量选择在 4～6 月份孵化出的雏鹅留作种用,此期间孵化所用的种蛋是在产蛋高峰期所产的,遗传素质高且雏鹅质量好,易于成活。使之在翌年产蛋时不但达到性成熟,也能达到体成熟,有利于生产性能的发挥。

2. 育雏舍的准备 育雏舍要求温暖、干燥、保温性能良好、空气流通而无"穿堂风",便于饲养管理和消毒。农家养鹅可利用旧的空房舍进行改造,但应特别注意不能将存放农药、化肥等有毒物品的房舍作为育雏场地。

育雏舍的大小,可按育雏数量而定,每平方米可饲养 28 日龄以内的雏鹅 8～10 只。

3. 育雏设备的准备 备好饮水器和食槽;根据各地的实际情况,不论以何种方式供暖,都要求在育雏前 1 周,安装检查好供暖设备。

4. 饲料的准备 整个育雏期每只雏鹅应准备 2.0 千克左右的全价混合料,另外还要准备幼嫩、易消化的青饲料 2.0 千克左右。

5. 兽药的准备 主要准备消毒药和预防性的药物。消毒药包括熏蒸用的高锰酸钾、40%甲醛溶液、过氧乙酸、百毒杀、烧碱及石灰等;预防的药品主要有疫苗,如小鹅瘟、副黏病毒病、腺病毒病疫苗或血清。雏鹅开口药,青霉素、链霉素、诺氟沙星(氟哌酸)、环丙沙星等抗生素药物。

6. 垫料准备　平养育雏的鹅舍,在育雏前应备足清洁干燥的垫料。垫料切忌霉烂,否则小鹅易患曲霉菌中毒病。

7. 消毒　在接雏前应对育雏舍的内、外环境进行彻底的清理打扫并消毒。根据育雏舍污染程度的不同用 3%～5%烧碱溶液全面喷洒消毒,不留任何死角;饲养用具,如围栏板、食槽、饮水器等可用 2%～3%烧碱溶液洗涤,然后用清水冲洗干净,以防腐蚀雏鹅的黏膜,然后在阳光下暴晒后用干净的塑料布封严备用;在进雏前 3～5 天,一般每立方米用 40%甲醛溶液 28 毫升、高锰酸钾14 克熏蒸消毒。先将高锰酸钾放入陶瓷容器中,再加入 40%甲醛溶液,然后关闭门窗,密封熏蒸 24 小时后打开门窗,排尽气体。熏蒸时如能保持舍温 24℃～26℃,空气相对湿度 70%～80%,消毒效果更好。

育雏舍的出入口应设消毒池,内放 3%～5%烧碱溶液或生石灰,人员进入时踩踏消毒池,应换上已消过毒的工作服、工作鞋。

8. 预热　进雏前的 1～2 天,育雏舍应进行加温预热,舍温达到 28℃～30℃,迎接新雏。

(四)雏鹅饲养管理要点

1. 挑选健雏　强壮的雏鹅生活力和抗病力强,成活率高,生长发育快。因此,养好雏鹅,首先要挑选健雏。在选留种用雏鹅时,要根据各品种的特点,通过雌雄鉴别技术,按一定比例选留,不过雌雏和雄雏的留种数量应适当多一些,为以后淘汰选留做准备。

具体地说,挑选健雏可以一问、二看、三摸、四试。

一问:就是了解雏鹅种蛋的来源。雏鹅最好是 2～3 年龄优良品种种鹅所产的种蛋孵出的雏鹅,因为 2～3 年龄鹅正值壮龄,所产雏鹅比较健壮;但有些地区实行"种鹅年年清"制度,只有 1 年龄新种鹅产蛋孵出的雏鹅就更要注意个体的选择。还要问清种蛋的来源地有没有发生过疫病,种鹅有没有进行过小鹅瘟、副黏病毒病等免疫注射等。

二看:就是观察雏鹅外形和精神状态。个头大、绒毛粗长、有光泽;眼睛有神,叫声响亮,活泼好动;脐部收缩完好,无血斑水肿和脐带炎;无畸形等的是健雏;相反,则为弱雏。

三摸:即用手抓鹅,感觉挣扎有力,有弹性,脊骨壮,腹部柔软、大小适中的是强雏;挣扎无力、体软弱、脊骨细,肚子显得过大的"大肚"雏是弱雏。

四试:即将雏鹅仰翻放置,如很快翻身站立的是强雏;软软地迟迟不能翻身站立的是弱雏。

2. 运雏 如果运输距离过远可采用"嘌蛋"的方法。运输雏鹅时,既要妥善保温(一般25℃～30℃),又要注意通气。夏季运输要防晒,防雏鹅中暑,一般可在早、晚进行运输,运输途中要尽可能减少震动,并注意经常检查,防止雏鹅因受冷拥挤"扎堆"。如果发现"扎堆"现象,应立即用手将其分散,对仰面朝天的雏鹅要立即扶正,避免挤、踩死亡。

3. 雏鹅的饲养

(1)尽早饮水 雏鹅出壳或运回后,应及时分配到育雏舍处休息,当70%有觅食现象,先饮雏鹅开口药(恩诺沙星1克,氟苯尼考0.1克,磺胺增效剂0.2克,电解多维2.5克,糖6.2克,加水5升供100只雏鹅饮用),连饮3日后改饮清洁的温水,俗称"潮口",这是雏鹅饲养的关键。尽早给雏鹅饮水,有补充水分、刺激食欲、促使胎粪排出的作用。饮水器内水深以3厘米为宜;育雏的前15天,水温25℃～30℃为宜;"潮口"后,就要让雏鹅随时喝到水,不能中途停止;饮水器的放置位置要固定;饮水器的高度应经常调整,让雏鹅抬头饮水,使水不被粪便污染;如果雏鹅不会饮水,可将部分雏鹅的嘴多次按入饮水器中,调教其学会饮水,其他雏鹅则会模仿跟着饮水。

（2）适时开食　第一次给雏鹅喂料称开食。开食目的是让雏鹅学会吃食。传统的开食饲料一般是用清水淘洗蒸熟的碎米，或用开水浸泡至八成熟的小米。规模饲养均采用全价颗粒料。饲喂时，可先把饲料撒在塑料布或开食盘上，也可撒一些在雏鹅身上，引诱雏鹅啄食，慢慢地全群鹅都会来啄食。1～2天后逐渐改为全价配合饲料加青绿饲料。其中的青绿饲料，要求不能霉烂，剔除粗老茎秆、黄叶，洗净，切细。

7日龄以内的雏鹅一般白天喂6～7次，每次间隔3小时左右，夜间应加喂2～3次。每次饲喂时间为25～30分钟，让雏鹅吃饱为止。随日龄增加饲喂次数递减。

鹅没有牙齿，对食物的机械消化主要依靠肌胃的挤压、磨切，除肫皮可磨碎食物外，还必须有砂砾协助，防止消化不良，以提高消化率。雏鹅5日龄后可提供砂砾槽。10日龄内的砂砾直径为1.5毫米，10日龄后改为2.3～3毫米。

4. 雏鹅的管理　俗话说"雏鹅请到家，七天七夜不离它"，"人懂鹅性，鹅听人话"。只有真正做到"三分饲养，七分管理"才能获得理想的生产效果。

（1）分群　从育雏开始就要按强弱、大小等具体情况分群饲养，对弱雏要单独放在一处，进行特殊看护，加强饲养管理，以达到全群生长均匀、发育整齐的目的。育雏应以小群为宜，每群100只左右。

（2）温度　雏鹅阶段必须提供适宜的温度，如表7-1所示。

表 7-1　鹅育雏适宜的温度、湿度和密度表

日　龄	温度（℃）	相对湿度（%）	饲养密度（只/米²）
1～5	30～28	65～70	25
6～10	28～25	65	20
11～15	25～22	55～65	15～12
16～21	22～20	55～65	10～8

在实际饲养中,要根据雏鹅的行为来判断育雏的温度是否合适。温度适宜时,雏鹅表现为分布均匀,呼吸平和,安静无声,彼此虽依靠但无扎堆现象,吃饱后不久就安静入睡;温度过高时,雏鹅向四周散开,叫声高而短,张口呼吸,两翅开张,绒毛蓬松,频繁饮水;温度低时,叫声细、频而尖,绒毛直立,躯体蜷缩,相互挤压,严重时发生堆积,受惊压伤、甚至死亡。民间养鹅户常说小鹅要单睡,就怕扎堆睡,小鹅受了惊,活像小老鼠(或僵鹅)。因此,育雏舍应专人看护,勤观察,灵活掌握育雏温度。育雏温度过高,谓之"伤热",雏鹅免疫力下降,生长变慢,危害极大。育雏期培育温度宁偏低,勿偏高。

(3)适宜的湿度　鹅虽然是水禽,但怕圈舍潮湿,雏鹅更怕潮湿。实践观察,如果地面垫草潮湿,雏鹅扎堆,对雏鹅健康和生长影响较大。高温高湿的环境容易滋生病原微生物和寄生虫,饲料和垫料容易霉变;高湿低温情况下,易引起雏鹅感冒和腹泻,食欲下降,抗病力减弱,发病率增加。随雏鹅日龄增大,采食与排粪量加大,舍内湿度更大,因此日常管理中一定要防止饮水外溢,保持地面干燥,垫草勤换勤晒。反之,育雏舍过于干燥又会使雏鹅体内水分通过呼吸向外散发,致使雏鹅体内残余蛋黄吸收不良。育雏舍相对湿度一般应为 $60\%\sim70\%$,2周龄后 $55\%\sim65\%$。

(4)饲养密度　饲养密度直接关系到雏鹅的活动、采食、空气质量。实践证明,饲养密度过大,鹅群拥挤,强弱采食不均,雏鹅的发育易出现两极分化;饲养环境恶化,发病率和死亡率增加;密度过大易发生啄癖;密度过小,虽有利于成活和发育,但不利于保温,同时房舍的利用率低,经济效益不高,雏鹅的饲养密度见表7-1。

(5)合理的通风　雏鹅生长发育快,新陈代谢旺盛,排出大量的二氧化碳(CO_2)及粪便,产生潮气和氨气等有害气体,如不及时排出,易诱发疾病影响鹅的健康发育。在生产实践中,往往由于过分强调舍温而忽视通风的重要性,造成育雏舍空气污浊。因此,宜在温度较高的中午打开门窗通风,但不能让进入舍内的风直接吹到雏鹅身上,防止受凉而引起感冒。或在打开门窗的同时增加育雏舍的温度,以保证空气新鲜。

(6)光照　初生雏鹅的视力较弱,光线不良不利于采食和饮水,可用人工光照补充。一般可用白炽灯作为补充光源,灯高2米,安灯罩,灯泡与灯罩经常擦亮。为便于雏鹅夜间采食,舍内昼夜需弱光照明,夜灯瓦数为 15 瓦/100 米²。第 1 周光照时间为 20～24 小时,光照强度 4 瓦/米²;第 2 周光照时间为 20～18 小时,光照强度为 3 瓦/米²;第 3～4 周光照时间 18～14 小时,光照强度为 2 瓦/米²。

(7)搞好卫生　搞好舍内外的环境卫生,粪便要及时清除,垫草要勤换,饮水器(槽)每天要清洗,切忌用发霉的垫草。每周带鹅消毒 1 次;病雏要做好隔离工作,舍内外环境、设备用具、车辆要经常全面消毒,做到整个养鹅环境清洁、干燥、明亮、舒适。

(8)疾病防治　疾病防治要本着"预防为主,防重于治"的原则,做好疾病防治工作。必须向供种单位询问、了解其免疫程序,酌情进行小鹅瘟、副黏病毒病和禽流感以及新型病毒性肠炎等疾病的强制免疫。同时,要做好白痢、大肠杆菌病、霉菌病等疾病的预防工作。发生疾病时,要及时做到准确诊断,对症治疗。北方是缺硒地区,饲料中合理补硒。用药物治疗和预防疾病时,计算用药量一定要准确无误。在雏鹅阶段,较易发生啄癖,应采取各种措施,防止雏鹅啄癖现象的发生。

(9)放牧和放水　雏鹅初次放牧时间,根据气候和健康状况而定,一般在 15 日龄左右。第一次放牧必须选择晴好天气,喂料后驱赶到附近平坦的草地上放牧、采食青草,前几次放牧时间不宜过长、距离不宜过远,以后逐渐延长。

开始放牧后就可放水。初次放水可将雏鹅赶至水池或浅水边任其自由下水,切不可强迫赶入水中,否则易受凉感冒。放水以流动的活水为佳。如果是非流动水,应常换水或每月1次用生石灰(14～20克/米³)、漂白粉(1克/米³)进行水质消毒,以杀死水中害虫和病菌。夏季舍外活动时,严防中暑。

(10)防止应激　育雏舍内必须保持安静,防止出现噪声,严禁粗暴操作。

(11)检查雏鹅生长发育情况　育雏效果的好坏,一看雏鹅的成活率;二看雏鹅群的整齐度;三看雏鹅的体重;四看羽毛更换情况,雏鹅长至25～30日龄应达"大翻白",即所有胎毛全部由黄变白。

二、后备鹅的培育

留作种用的中鹅称后备鹅(5周龄至开产前1个月)。后备鹅饲养管理的目的是提高种用价值,为产蛋或配种做准备。后备鹅培育分为前期(5～10周龄)、后期(11周龄至开产前1个月)两个阶段。

(一)后备鹅前期的饲养管理

1.后备鹅的特点　雏鹅经过舍饲育雏和放牧锻炼进入了中鹅阶段。这时鹅纤细的胎毛逐渐被换掉,进入长羽毛的时期,消化道容积明显增大,消化能力明显增强,具有较强觅食力,对外界环境适应性和抵抗力已大大加强。该阶段正是骨骼、肌肉、羽毛生长最快的时期,这时以多喂青绿饲料或进行放牧饲养最为合适。

2.饲养特点　放牧为主,补料为辅的饲养方式。在我国北方,随着鹅日龄的增加放牧采食能力增强,大多数采用放牧饲养,饲料和工时成本低,人们常说:"鹅要壮,需勤放;要鹅好,放青草"。

鹅的合群性比鸭差,放牧前应进行调教;确定最佳放牧路线,不走回头路;放牧地尽量选择距离鹅舍较近处,不宜过远,每天力争让鹅吃到4～5个饱,每吃1个饱后,将鹅群赶至清洁水源处饮水、戏水,然后上岸梳理羽毛,1 小时左右鹅群又出现采食积极性,依次形成采食—放水—休息—采食的生物节律性;夏天放牧应选择有树阴牧地,早出晚归或建遮阳棚,增加放水次数和延长放水时间,防暑降温;放牧时如吃不饱,傍晚归牧后应给予补饲配合精料;因放牧鹅矿物质采食不足,应注意补充矿物质添加剂。如果放牧地数量和质量较低时,采取放牧与舍饲相结合的形式。冬季舍饲饲养时搭配刈割青饲料或青贮饲料。

3. 分群　根据雏鹅体质强弱、批次、存栏量以及场舍等情况分群,一般每 200 只为 1 群的由 1 人放牧;300～500 只为 1 群的,由 2 人放牧;若牧地开阔,水面较大,每群可扩大到 500～1 000 只,需 2～3 个人管理。

4. 做好卫生防疫工作　后备鹅面临着舍饲为主向放牧为主转变,环境应激较大,易诱发疾病,必须做好日常的卫生防疫工作。

5. 选留　鹅长至 70～80 日龄时,要选择生长发育良好的鹅组成后备群,淘汰体重小、伤残、杂色羽毛的个体。

(二)后备鹅后期的饲养管理

1. 限饲　所谓限饲,即少给精饲料,多喂青粗饲料。其目的有三:一是减少精饲料的投入,降低饲养成本;二是控制体重,防止过肥;三是控制开产时间,防止早产。应当注意的是,此阶段时间较长,是后备种鹅生殖系统发育的关键时期,如果限饲过度,会影响鹅尤其是公鹅生殖器官的发育,性成熟推迟,影响其生产性能的发挥,故限饲应适度。

2. 公、母鹅分群　其目的是防止鹅滥交乱配。因公、母鹅存在体况差异,交配不当易致残,易导致公鹅阴茎被咬伤或冻伤而失去种用价值,母鹅提前开产等问题,所以应将公、母鹅分群饲养。

3. 调控均匀度　可通过分群、调整精粗饲料比例、控制营养摄入等方式调控群体均匀度,使整个鹅群开产后,在短期内即可达到产蛋高峰,获得好的产蛋效果。

4. 选留　150～180 日龄时根据鹅生长发育状况、体型外貌特征等选留符合品种(品系)标准的健壮鹅作种用。

5. 洗浴　进入冬季前,鹅可在水中洗浴,但时间不可过长,否则会因水温过低使体能消耗过大,膘情下降、体况差。冬季时,不能洗浴。

6. 舍内条件　北方 10 月份以后,需给鹅提供一定的舍内条件,以温度 5℃、密度 3～4 只／米² 为宜。同时,为保证舍内空气质量和相对湿度(约 65%),适当通风换气。若为地面平养,需铺厚 10 厘米左右的垫草。

7. 舍外运动　为锻炼种鹅的体质,应保证种鹅每日在运动场有 2 小时左右的运动量。

8. 活拔羽绒　80～140 日龄时(即 8 月初至 9 月底),可活拔羽绒 1～2 次。

三、产蛋期的饲养管理

(一)产蛋前期

鹅产蛋前期(开产前 1 个月内)饲养管理工作重点是最后 1 次选留种鹅,之后进行加料促产,增加光照,搞好防疫接种。

1. 选留　为提高种鹅的产蛋量和受精率,根据品种(品系)标准,选留体况良好的鹅留作种用。对公鹅需逐只翻肛检查阴茎的发育情况。凡阴茎畸形、脱垂外露的,性欲不佳、精液品质差的一律淘汰;发育迟缓的酌情留用。

2. 加料促产　饲养方式应以舍饲为主,放牧补饲为辅。为了让鹅恢复体力,促进生殖器官的发育,饲料应逐渐改换成产蛋期日粮,由粗变精。后备公鹅的精饲料补饲应早于母鹅,以便在母鹅开产前有充沛的体力,旺盛的性欲。逐步放食后,补饲只定时,不定量,让鹅自由采食,增喂矿物质、维生素饲料,饲料搭配多样化,促进母鹅膘情,尽早进入临产状态,即母鹅全身羽毛紧贴,光泽鲜明,尤其是颈羽显得光滑紧凑,尾羽与背平伸,后腹下垂,耻骨开张达3指以上,肛门平整呈菊花状,行动迟缓,食欲强,喜食矿物质饲料,有求偶表现,想窝恋巢。

3. 增加光照 增加光照与改换日粮同步进行。光照对鹅的繁殖性能有重要影响。北方产蛋鹅品种的产蛋期适宜光照时间为15小时左右。产蛋前1个月开始补充光照,由短到长,直至产蛋时达到适宜的光照时间。采光强度为25勒/米²(4瓦/米²)。灯与地面距离1.8~2.0米。

4. 防疫接种 种鹅此期做好鹅舍内外的环境卫生和消毒工作。对种鹅驱虫1次,分别用禽霍乱灭活疫苗、鹅蛋子瘟灭活菌苗、小鹅瘟、副黏病毒病、禽流感等疫苗进行免疫注射。

5. 组群 开产前15天,将公、母鹅按比例组群,以每群不超过200只为宜。此外,还要避免出现近亲交配的现象。在年龄上,除采取同年龄段的搭配外,还可采取老少搭配的形式。

(二)种鹅产蛋期的饲养管理

产蛋期的饲养管理是整个种鹅生产的重中之重,直接影响经济效益,因此必须高度重视。按产蛋情况一般将产蛋期的饲养管理分为2个阶段,即产蛋期和休产期。

1. 产蛋期的饲养管理

(1)饲养 处于产蛋配种期的种鹅,在饲养上总的要求是保证营养需要,特别是要保证日粮中的能量、蛋白质和必需氨基酸、各种矿物质和维生素的需要量,饲料品质要稳定。每只鹅每天喂精料量约200克左右,可分早、午、晚3次饲喂,自由采食,做到细心观察,精心喂养,保证鹅吃饱、吃好,有条件的情况下,还可添加一些青绿饲料。产蛋鹅应补饲夜食,可在傍晚 9 时左右添加。通过饲料营养的供给,可延长产蛋高峰期,同时还可以避免因饥饿而产生的骚乱和咬斗等现象。

鹅产蛋期日粮的配合及喂量,应根据具体情况进行合理调整,主要看以下情况。

第一,避免种鹅过肥。母鹅过肥,使卵巢和输卵管中积存大量脂肪,影响卵细胞的排出、卵子在输卵管中正常的运行和卵的受精;公鹅过肥,则精液品质差,性欲低,同时体态笨拙不利于交配。

第二,饲喂是否恰当可通过种鹅的膘情、排出粪便状态、产蛋量及蛋的状态判断。如果鹅粪为细条状,颜色发暗或发黑,又较为结实,这说明产蛋种鹅营养过剩,要适当减少精饲料喂量,增加青粗饲料的比例,加大运动量或放牧时间;如果鹅排出的粪便,粗大松软,呈条状,表面有光泽,用脚轻拨能分成几段,则说明鹅的营养适中。如果鹅的膘情过瘦,产蛋量不高,蛋重变小,蛋壳变薄,蛋形异常,排出的粪便颜色淡、不成形,一排出就散,说明营养水平不够,需提高日粮的营养水平,增加饲喂量和饲喂次数,或者在晚上补饲夜食。

第三,6 月份天气炎热,鹅食欲减退,根据产蛋情况提高日粮营养水平,保证产蛋期的营养需要。

总之,鹅在产蛋配种期要保证鹅吃好、吃饱、饮足,细心观察,精心喂养,保证产蛋期的良好体况。

(2)保证清洁充足的饮水 我国北方地区,早春气候较冷,水易结冰,应避免产蛋母鹅饮用冰水,否则影响产蛋,最好让母鹅饮温水。

(3)管理 搞好配种,为鹅群创造一个良好的生活环境。

①搞好配种 配种工作是种鹅生产中非常重要的一个环节,如果在生产中发现公鹅患有生殖器官疾病或其他疾病,要及时更换,以满足一定公、母鹅配种比例,否则会造成公鹅体力消耗过度,

影响配种效果;但公鹅数量也不可过多,否则增加饲养成本,而且易发生咬斗等情况。对性欲较低的公鹅,可喂些壮阳药(淫羊霍等),能明显提高配种效果。鹅配种一般在早晨和傍晚较多,鹅在水中配种容易成功,配种效果好,因此有条件的应提供水源或设置水面活动场。根据种蛋的孵化情况,及时调整公、母鹅比例及鹅群结构,以保证较高的种蛋受精率和孵化率。

②营造良好的环境 舍内饲养密度要适当,根据鹅的体型、生产阶段等因素调整。以籽鹅为例,舍内网上饲养密度为 3 只/米²,地面平养密度为 2.5 只/米²,饲养密度不可过大,以保证种鹅饮水、采食和配种的需要;地面平养,要在舍内地面上铺稻草等垫料,并定期更换、晾晒;注意通风换气,保持空气新鲜;舍内湿度不宜过高,65%左右为宜;搞好舍内环境卫生,及时清除粪便和污染的垫草,饮水器每天清洗,舍内外定期清毒;母鹅产卵子及公鹅产健壮精子的适宜温度为 10℃~25℃。公、母鹅 2 月末 3 月上旬便开始配种产蛋,此时北方气温比较寒冷,因此要注意舍内的防寒保温工作;夏季(6~8 月份)北方气温较高,由于鹅全身羽绒丰满,绒羽含量多,皮下有脂肪无汗腺,散热困难,因此一定要在运动场种树或搭建凉棚;北方鹅属长光照的鹅种,即产蛋高峰期来临前,昼夜光照时间需达 15 小时左右,并一直保持到产蛋结束。自然光照不足时应进行人工补充光照。

③产蛋管理 包括安装产蛋箱,调教产蛋习性及增加捡蛋次数。母鹅临产前 15 天左右,应在墙角周围安放好产蛋箱。产蛋箱规格为:宽 40 厘米,长 60 厘米,高 50 厘米,门槛高 8 厘米,箱底铺上柔软的垫草。每 2~3 只母鹅设 1 个产蛋箱。

母鹅产蛋前,一般不爱活动,鸣叫不安,不肯离舍,这是产蛋的先兆。初次开产的鹅因产蛋习性未建立而随处产蛋,使脏蛋、破蛋增多,因此要加强初产母鹅产蛋习性的调教。调教方法:每天在产蛋箱内放置新鲜干燥的垫草并放鹅蛋作"引蛋",将有产蛋先兆的母鹅放置于产蛋箱内待产。通常情况下,母鹅第一次在哪窝产蛋,以后就一直具有定窝产蛋习惯。

母鹅产蛋时间多集中在凌晨 3 时至上午 10 时,因此上午 10 时前不要外出放牧。另外,应增加捡蛋次数,防止鹅蛋因早春天冷受冻或弄破、弄脏。

④减少应激 种鹅在产蛋期间对外界环境反应敏感,易受不良应激而影响产蛋和配种,如饲料的突变、突然停电、驱赶、气候变化、惊吓、饲养密度过大、捕捉等。因此,产蛋期间严禁转舍、调群,工作程序规范化、合理化,饲养人员要固定,舍内清粪时鹅不能在舍内。4~5 月份,经常出现雨雪、降温等天气,以及近年来出现的扬沙、浮尘和沙尘暴等恶劣天气,都要注意防护。夏季雷雨到来之前须把鹅赶入舍内或棚内,否则鹅被雨淋最易生病。

⑤分群与淘汰 在产蛋期,如果出现断翅、瘸腿、公鹅掉鞭、母鹅重度脱肛等不可逆转的情况,应立即淘汰;凡产蛋性能不佳,早停产的母鹅应予以淘汰。及时淘汰可减少浪费,提高产蛋率,还可以减轻饲养管理负担。产蛋后期,鹅群中会有大量的母鹅陆续停产,应将产蛋母鹅和停产母鹅及时分群,采取不同的饲养管理措施。识别产蛋母鹅和停产母鹅一般可采用"五看"或"四摸"的方法。

一看采食。产蛋鹅采食如饿虎扑食,狼吞虎咽、食欲旺盛,吃时不抬头、不挑食、迅速吃净;停产鹅则食欲欠佳。

二看背部。产蛋鹅背较宽,胸部阔深;停产鹅背部较窄。

三看躯体。产蛋鹅体躯深、长、宽;停产母鹅体躯短、窄。

四看羽毛。产蛋鹅换羽晚,羽毛蓬乱、不油亮、不光滑,发污;停产鹅换羽早,羽毛新鲜、发亮。

五看肛门。产蛋鹅肛门阔约肌松弛呈半开状态,富有弹性,而且有湿润感;停产母鹅肛门呈收缩状,没有弹性,较干燥。

一摸耻骨。产蛋母鹅耻骨间距宽,可容得 3 指以上;而停产母鹅耻骨间距窄,只能容得下 2 指。

　　二摸腹部。产蛋母鹅腹部大且柔软、下垂,臀部丰满;而停产母鹅腹小且硬,臀部不丰满。

　　三摸皮肤。产蛋母鹅皮肤柔软,富有弹性,皮下脂肪少;而停产母鹅皮下脂肪多。

　　四摸耻骨和胸骨间距离。产蛋鹅耻胸距离达一手掌以上;休产鹅耻胸距离很近。

　　⑥舍外运动和放牧　适当的舍外运动(自由运动和驱赶运动相结合)和放牧,能够使种鹅得到足够的阳光、运动量和充分采食,并能促进消化,增强体质。但产蛋母鹅行动迟缓,要选择近而平坦的场地,不得猛烈驱赶,以免跌伤或造成腹腔内蛋破裂。夏季放牧饲养时上午早放、早归,下午晚出、晚归、晚进舍。

　　⑦产蛋期禁用药物　种鹅产蛋期常见疾病主要有禽霍乱、鹅大肠杆菌病、鹅虱、母鹅输卵管脱垂病、公鹅阴茎脱垂病和脚趾脓肿病等。种鹅在产蛋期应禁止使用磺胺类药物(磺胺嘧啶、磺胺噻唑、磺胺氯吡嗪、增效磺胺嘧啶等)、呋喃类药物(呋喃唑酮又名痢特灵)、抗球虫类药物(氯苯胍、球虫净、克球粉、硝基氯苯酰胺、莫能霉素等)、金霉素、四环素类药物,这些药物都有抑制产蛋的副作用。当鹅发病时可用土霉素或强力土霉素等药物,或日粮中加喂大蒜 3~5 克/只代替部分抗生素(把大蒜去皮捣烂,与饲料拌匀,现配现喂)。实践证明,喂大蒜鹅很少生病,能提高养鹅经济效益。

　　⑧补钙　在产蛋期,种鹅对钙的需要量较大,尤其是在产蛋高峰期容易出现缺钙现象,产下软皮蛋,影响种蛋质量。因此在运动场设置贝壳粉补饲槽,任鹅自由采食。

　　2. 休产期的饲养管理　在北方,母鹅产蛋至 6~7 月份时,产蛋量明显减少,蛋型变小,畸形蛋增多,羽毛干枯,公鹅性欲下降,配种能力变差,种蛋受精率降低,即公、母鹅分别进入休产、休配期。

（1）饲养 鹅休产期应以放牧为主，饲喂青粗饲料，补喂精饲料和矿物质，目的是消耗鹅体内的脂肪，促进换羽。

（2）管 理

①整群 在进入休产期时，应将伤残、患病、产蛋量低的种鹅淘汰，把体况好、产蛋高峰期持续时间长、蛋形正常的母鹅留用，淘汰体况差和患阳痿等疾病的公鹅。

这里有一点需要说明的是，很多养殖场（户）采取种鹅当年清，然后再选留或购买当年鹅留种的做法不可取，因为种鹅生产性能最好的年份是在第二年和第三年，这样做，使种鹅的生产性能不能得到很好的发挥，且会造成种鹅遗传素质的下降，影响经济效益。

②强制换羽 在进入休产期时，种鹅的羽毛开始脱落。在自然条件下，从开始脱落到新羽长齐需要较长的时间，且每只鹅的换羽时间有快有慢、有前有后。因此，群体的换羽时间会较长。为缩短群体的换羽时间，便于饲养管理，可进行人工强制换羽。具体做法：停料2～3天，只供给少量的青粗饲料和充足的饮水，第四天开始喂给由青饲料加糠麸、糟渣组成的饲料，在第十天试拔主翼羽和副翼羽，如羽根干枯，不费劲，可逐根拔除，否则再等3～5天后再拔，最后拔掉主尾羽。

③卫生防疫 在经历了一个产蛋周期后，鹅群的体能消耗较大，体质较弱。因此，休产期也需要做好卫生防疫工作，提供适宜的生活空间和条件，以便使其能够尽快恢复体力。

第八章　鹅羽绒生产

活拔鹅羽绒,是根据禽类自然换羽性和羽毛再生能力的生物学特性,利用人工技术拔取活鹅的羽绒。活拔鹅羽绒改变了过去那种宰杀后拔一次羽的旧习惯,不仅增加了羽绒的产量,而且还提高了羽绒的质量,因此活拔绒羽技术被称为"羽绒生产上的一项革命"。

活拔鹅羽绒能在不影响鹅健康和不增加鹅饲养量的情况下,利用休产期的种鹅、后备鹅、公鹅等,可活拔羽绒1~3次,比以往"杀鹅取毛法"增产2~3倍的优质羽绒,能显著增加养鹅收入;活拔鹅羽绒的绒朵结构好,富有弹性、蓬松、轻便、柔软、吸水性好、可洗涤、保温、耐磨等,加工后成一种天然的高级填充料,可制作成各种轻软防寒、舒适保温的被褥,也是轻工、体育、工艺美术等不可缺少的原料;多次拔绒的鹅,可出售冻鹅肉,或加工成鹅肉罐头,从而提高养鹅的经济效益。

一、羽绒的分类

羽绒主要按羽绒的形状、结构和商业需求分类。

(一)按羽绒的形状和结构分类

按羽绒的形状和结构,可将鹅体上的羽绒分为4种主要类型:正羽、绒羽、纤羽和半绒羽。

1. 正羽　正羽又称被羽(图8-1),是覆盖体表绝大部分的羽毛,如翼羽、尾羽以及覆盖头、颈、躯干各部分的羽毛,正羽由羽轴和羽片两部分组成,羽片是由上行性羽小枝与下行性羽小枝互相勾连形成的膜状羽片,如果小钩脱开,就像拉链那样很容易恢复成交织状态。

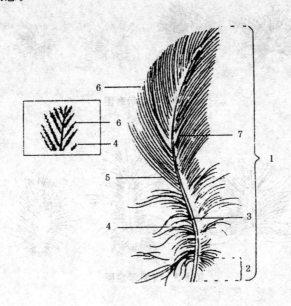

图 8-1 正羽示意图
1. 正羽 2. 羽根 3. 羽茎 4. 羽片
5. 羽枝 6. 绒丝 7. 羽小枝

2. 绒羽 绒羽又称绒毛(图 8-2),包括新生雏的初生羽和成鹅的绒羽。绒羽被正羽所覆盖,密生于鹅皮肤表面,外表看不见,绒羽只有短而细的羽基,柔软蓬松的羽枝直接从羽根发出,呈放射状,绒羽有羽小枝,但枝上缺小钩。绒羽起保温作用,主要分布在鹅胸、腹和背部,是羽毛中价值最高部分。

3. 纤羽 纤羽又称毛羽(图 8-3),分布于身体各部,羽毛长短不一,细小如毛发状,比绒羽还细小,羽基长,只有羽基顶端才有少而短的羽枝。保温性能差,利用价值低。

图 8-2　绒羽示意图

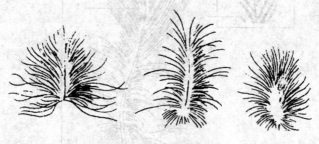

图 8-3　纤羽示意图

4. 半绒羽　半绒羽又称绒型羽,是介于正羽和绒羽之间的一种羽绒,上部是羽片,下部是绒羽,大多数处于正羽下面,绒羽较稀少。

(二)按商业需求分类

按商业需求划分,羽绒分为毛片和绒子。毛片是羽干上部为羽面,下部为羽丝。绒子没有羽干,有一绒核,放射出绒丝呈朵状,又称绒朵。

二、羽绒的生长发育规律与影响因素

(一)羽绒的生长发育规律

以黑龙江白鹅为例,刚出壳的雏鹅为黄色绒羽,雏鹅长至25～30日龄,黄色绒羽(胎毛)脱落换成白羽,称"大翻白";30～35日龄,主翼羽和尾羽基部长出大羽毛,称四搭毛;40～45日龄,腹部羽毛长齐,称滑底;45～50日龄,头部羽毛长齐,称头顶;55～60日龄,除背腰外,其余羽毛全长齐,称两段头;60～65日龄,主翼羽背部相交,称交翅;70～80日龄,鹅体羽毛全部成熟,此时留作种用的后备鹅可进行第一次拔羽。从雏鹅出生至12周龄,鹅不仅需要身体生长发育,还要频繁更换和生长羽毛,如果此期间环境条件和营养状况不好,就会影响羽绒的质量和机体的健康。

(二)影响羽绒生长因素

1. 营养条件 从羽绒的成分看,89%～97%由蛋白质组成,构成羽绒的蛋白质主要是角质蛋白。能够合成角质蛋白的主要有含硫氨基酸,即胱氨酸和蛋氨酸。由于羽绒的生长是随着鹅的生长发育、机体新陈代谢进行的,所以在给鹅配制日粮时不仅要考虑羽绒的营养需要,还要考虑机体生长发育的营养需要。

2. 气候条件 冬季鹅的羽绒量较多,绒层较厚,含绒量高,质量好。反之,夏季则即少又差,甚至会自动掉毛。

3. 品种 鹅品种不同,羽绒的产量和质量也不同。如白羽品种种鹅的质量好于灰鹅品种,因此白色羽绒比灰色羽绒售价高20元/千克左右。

4. 饲养管理 在水、草、料丰沛时,鹅生长发育正常,羽绒数量多、质量好,富有光泽。要注意搞好鹅舍环境卫生,经常让鹅下水,防止草屑、灰尘、粪便污染羽绒。

三、羽绒的采集方法

用科学的方法采集羽绒，是提高羽绒产量、质量和使用价值，获得较高经济效益的关键。采集羽绒时按照羽绒结构分类及其用途分别采集，才能各尽其用。目前我国采集羽绒有 2 种方法：一是宰杀取毛法，二是活拔羽绒法。

（一）宰杀取毛法

宰杀取毛法，就是将鹅宰杀后一次性取毛。近年来，人们为了提高羽绒质量，对此法进行了创新和改进，形成水烫、蒸拔和干拔3 种采集方法。

1. 水烫法　宰杀、放血、沥干后，放入 65℃～70℃ 的热水中浸烫 2～3 分钟后，羽毛容易拔下。但鹅毛经热水浸烫后，弹性降低，蓬松度减弱，色泽暗淡，绒朵往往分散在水中，不同毛色常混杂在一起。水烫法取毛依靠日晒变干，如果遇上阴雨天，鹅毛易结块，发霉变质。

2. 蒸拔法　具体做法是在大铁锅内放水加热使水沸腾，距水面 10 厘米以上放蒸笼，把宰杀、沥血后的鹅放在蒸笼上，加盖继续加热 1～2 分钟，拿出鹅体先拔两翼大毛，后拔全身正羽，最后拔取绒羽。拔完后再按水烫法，清除体表的毛茬。

此法应该注意的是：其一，往蒸笼上放鹅时要平放，不能重叠，使蒸汽畅通无阻地到达每只鹅的每一个部位。其二，鹅体不能紧靠锅边，防止烤焦羽绒。其三，要严格掌握蒸汽的火候和时间，严防蒸熟肌体和皮肉。

这种方法能按羽绒结构及用途分别采集和整理，也能使不同颜色的羽绒分开，更主要的是提高羽绒的利用率和价值。但该方法比较费工,尤其是拔完羽绒后,屠体表面的毛茬难以处理干净。

3. 干拔法 将宰杀沥血后的鹅,在屠体还有余热时,采用活拔羽绒的操作手法(参照活拔羽绒的操作方法),拔取羽绒后,用水烫法或石蜡煨毛法,将屠体剩余的毛茬烫煨干净。

(二)活拔羽绒法

活拔羽绒法就是用手工,从活鹅体上拔取羽绒的方法。

1. 活拔羽绒鹅的选择

①选择休产、休配期的白色种鹅。北方鹅种 6 月中下旬进入休产和休配期,可进行拔毛。

②后备白色种鹅。我国北方地区 4~5 月份孵出的雏鹅,长至 80~90 日龄,即初秋时就可以进行拔毛。

③体弱多病,营养不良的鹅不能进行拔毛,因为拔毛的刺激会加重病情甚至造成死亡。

④饲养 5 年以上的鹅不宜拔毛,因这种鹅新陈代谢能力弱,毛绒再生能力差。

2. 活拔羽绒前的准备

(1)鹅体准备 初次拔毛的鹅在拔毛前,应对鹅群进行抽样检查,如果绝大部分的羽绒根干枯,无血管毛,说明羽绒已经成熟,正是拔绒时期;拔毛的前一天给鹅停止喂食,只供饮水,拔毛当天停止饮水,其目的是防止拔毛时鹅粪的污染;对羽毛不清洁的鹅,在拔毛的前一天让其洗澡,以便去掉泥沙和脏物;拔毛前 10 分钟给每只初次进行拔毛的鹅灌 10 毫升白酒(不能用酒精),促使毛囊扩张,皮肤松弛,不但易拔,也可减轻鹅的痛苦。

(2)环境的准备 操作室要求门窗关好,室内地面平坦、干净,地上铺一层干净的塑料薄膜,以免羽绒污染;放鹅绒的容器可以用硬纸箱、塑料桶及塑料袋,要求容器光滑、清洁、不勾毛带毛、不污染羽绒;备齐药品和器具,操作人员坐的凳子、秤、消毒用的碘酊和药棉等。有条件的可给操作人员配备衣裤、帽子和口罩;拔毛时最好选择风和日丽、晴朗干燥的天气进行,尽量不在雨天拔毛。

3. 拔毛的部位及周期

(1)拔毛部位　活拔的鹅羽绒主要用作羽绒服装或卧具的填充,需要含"绒朵"量高的羽绒和一部分长度在 6 厘米以下的"片绒"。所以拔羽绒的部位应集中在胸腹羽区、颈背羽区(颈侧区应在下 1/3 区)、大腿羽区。这些羽区绒羽含量较多,正羽中的毛片较小且柔软,活拔后 6 周左右就能复原。小腿羽区和肛门羽区虽然有绒羽,但为了保持体温不能拔取。颈部少拔,绒毛极少的脚和翅膀处不拔。鹅翅膀上的大羽和尾部的大尾羽原则上不拔(种鹅休产换毛期强制拔羽除外),虽然经济价值也比较高,但恢复时间长,一般需要 12~18 周时间才能复原。

(2)拔毛周期　一般拔毛后的鹅,在正常饲养管理条件下,第四天腹部露白,第 10 天腹部长绒,第 20 天背部长绒,第 25 天腹部绒毛长齐,第 30 天背部毛绒长齐,35~40 天绒毛全部复原,50 天全身布满丰厚的羽毛,所以拔毛周期约为 50 天。

4. 拔羽的操作方法

(1)鹅体保定　拔羽时既要保护鹅体,又要便于操作。通常操作者坐在凳子上,两腿夹住鹅的身体,将鹅头朝向操作者,背置于操作者腿上,一只手握住鹅的双翅和头,另一只手拔取羽绒。

(2)拔羽手法　拔毛操作有两种方法:一种是毛、绒齐拔,混合出售,这种方法简便易行,但分级困难,影响售价。另一种是毛绒分拔,先拔毛片,再拔绒朵,分级出售,对不同颜色的绒羽分别存放。后一种方法比较受欢迎。

拔毛时,以拇指、食指和中指,紧贴皮肤,捏住毛和毛绒的基部,用力均匀而快速。所捏毛和毛绒宁少勿多,一把一把、有节奏地进行。拔取鹅翅膀大翎毛的方法是,用钳子夹住翎毛根部,注意不要损伤羽面,用力适当,力求一次拔出。

拔毛的方向,一般顺毛和逆毛均可,但以顺毛拔为主。因为鹅的毛绝大部分是倾斜生长的,顺毛方向拔不会损伤毛囊组织,有利于毛的再生。

拔毛的顺序为先拔腹部,然后是两肋、胸、肩、背颈。

第一次给鹅拔毛时,鹅的毛孔较紧,比较费劲,以后再拔毛孔就松动好拔了。初学者需十几分钟,技术熟练以后4～5分钟就能完成1只鹅的拔毛。

5. 活拔鹅绒毛常见问题及处理方法

第一,遇毛片大难拔时,对能避开的毛片,可避开不拔,只拔绒朵;当毛片不好避开时,可先将其剪断,然后再拔。剪毛片时一次只能剪去1根,用剪尖从毛片根部皮肤处剪断,注意不要剪破皮肤和剪断绒朵。

第二,遇毛根部带肉。健康的鹅拔毛时,羽绒根部是不会带肉质的,当遇到少许的毛绒根部带肉质时,拔取动作要稳,要耐心,要稍慢,每次拔的根数要少。如果大部分毛绒根部带有肉质,表明这只鹅营养不良,此时应暂停拔毛,待喂养一段时间后再拔。

第三,遇脱肛鹅。个别鹅在拔绒毛时,由于受到强烈刺激,会出现脱肛,一般不需任何处理,过1～2天就能自然收缩恢复正常。可用0.2%高锰酸钾溶液冲洗肛门,防止肛门溃烂。

第四,遇伤皮和出血。在拔毛过程中,如果不小心把皮肤拔破,涂抹紫药水即可。如果伤口大,则要缝合,做抗菌处理,在舍内饲养一段时间后再放牧。

6. 活拔羽绒后的饲养管理 活体拔毛对鹅来说是一个比较大的应激。鹅拔羽绒后精神有些委顿(俗称发蔫),活动减少,喜站不愿卧,走路摇晃,胆小怕人,翅膀下垂,食欲减退,个别鹅体温升高,上述的生理反应一般2天后可见好转,第三天基本恢复正常,通常不会引起疾病或造成死亡。为了确保鹅群的健康,使其尽早恢复羽毛生长,必须加强饲养管理。

（1）加强管理 活拔羽绒后要勤观察鹅只的动态，以便采取相应措施。如果拔羽后鹅只摆头，鼻孔甩水，不食，甚至不喝水，即可能是感冒，说明舍温过低，应升高舍温并对症治疗。

拔羽绒后公、母鹅分群饲养，因鹅体皮肤裸露，3 天之内不能在强烈阳光下放养，7 天之内不要让鹅下水和雨淋。舍内要幽暗，无风，地面干燥、清洁，铺上干净柔软的垫草。

拔羽 7 天后，因鹅的皮肤毛孔已经闭合，可让鹅尽量下水，游泳，多放牧，多吃青草，能促进羽毛的生长。

（2）精心饲养 鹅拔取羽绒后，喂给全价配合饲料，增加饲料中的蛋白质、能量、氨基酸、微量元素的含量，促进羽绒的快速生长发育。下列配方可供参考：玉米 33％，麦麸 30％，稻糠 13％，豆饼 15％，鱼粉 5％，水解羽毛粉 3％，微量元素 0.5％（增喂含硫矿物质），食盐 0.5％。每天饲喂 150～200 克/只，供给青绿饲料。7 天以后逐渐减少精饲料，增加粗饲料，给足青绿饲料。

四、羽绒的整理与贮存

（一）羽绒的整理

羽绒是一种蛋白质，容易发霉变质，因此采集后的羽绒须整理，贮存，以保证羽绒原料产品质量。

1. 水烫羽绒的整理 水烫法采集的羽绒，含水量大，杂质较多，首先应排干水分。方法是将羽绒放在水泥地面上，四周和顶上罩上细网晾晒自然蒸发。有条件的可将羽绒装入透气、透水的布袋内，放入甩干机甩干。然后将干燥后的羽绒送入分毛机进行风选。通过鼓风机吹风使羽绒在风箱内飞舞，由于毛片、绒羽、大小翅梗和杂质的比重不同，分别落入不同的箱内。

2. 蒸拔与干拔羽绒的整理 蒸拔与干拔所获得的羽绒相近，

均是按着羽绒结构分类采集而得。这种方法采集的羽绒不混杂，杂质较少。但蒸拔羽绒要比干拔羽绒的水分多，通过晾晒除去多余的水分。然后按用途分类整理。

3.活拔羽绒的整理 活拔羽绒质量比较高、杂质少，也比较干净。整理方法是将采集的羽绒进行分类平堆，混合掺匀。

(二)羽绒的贮存

贮存的目的是使羽绒在出售和加工前，保持原有构造、形态和特性，同时防止霉变和污染。因此，贮存时将羽绒装入透气防潮的布袋(塑料编织袋)里，扎好袋口。贮有羽绒的库房要求地势高燥，通风良好，屋内清洁、严密，无鼠害、无灰尘，不漏雨，而且防止阳光直射羽绒袋上，羽绒袋堆放要距离地面和墙壁 30 厘米左右。

要求在贮存过程中经常检查，检看是否受潮、受热、虫蛀、霉变，有无鼠害等。一旦发现这些危害，应及时采取措施治理。

第九章　种鹅场建设

　　鹅舍是鹅生活和生产的重要场所。我国黑龙江省地处北纬45°～55°,冬季长,气温低,因此为确保鹅的正常生活和生产,必须重视鹅舍的建筑结构和布局。鹅场建设因鹅场的规模、饲养方式、品种和用途的不同而不尽相同。随着我国北方养鹅业的发展,规模的扩大,各地开始兴建一批工厂化养鹅场。集约化养鹅场,应从场址的选择、建筑结构与布局、设备与用具、场区卫生防疫等方面综合考虑,达到安全生产、持续发展的目的。

一、场址的选择

　　鹅场选址,应对地势、土质、水源、交通、电力、饲草饲料供应和周围环境等全面考察。鹅场应选择地势高、地面平坦、稍有倾斜、利于排水,土质应以透气性较强的沙质土壤为好,水源充足、水质良好;距干线公路、村镇居民区至少1千米以上,3千米内无大型化工厂、矿厂、畜禽加工厂、农药厂,其他畜牧养殖场,防止病原微生物、有害气体的污染和侵害;交通方便,有利于鹅产品和饲料的运输;电力供给充足,保障鹅场照明、孵化、饲料加工的动力;鹅是草食家禽,饲草饲料资源丰富,可发挥鹅的食草性能,降低饲养成本。

二、种鹅场布局

　　鹅场的布局是否合理,是养鹅成败的关键条件之一。鹅场的布局应遵循以下原则:便于管理,有利于提高工作效率;便于卫生防疫工作;充分考虑饲养作业流程的合理性;节约基建投资等。

　　大型养鹅场应包括生产区、行政区和生活区 3 个区域;小型鹅场,因规模小,设施较为简单,可因地制宜,以实用为原则,合理规划,但至少应将生活区与生产区分开布局。

(一)生　产　区

　　生产区主要有鹅舍、孵化厅及辅助生产建筑。鹅舍因鹅群用途不同分为育雏舍、肥育舍、后备舍和种鹅舍等。辅助生产建筑主要有更衣室、消毒室、兽医室、饲料加工室、配电室、水泵房、锅炉房、仓库、维修间、粪便污水处理设施等。

　　生产区内部布局应遵循以下原则:按风向依次布局育雏舍、后备鹅舍和种鹅舍,相邻两舍间距一般为 30～50 米。生产区的四周要有防疫沟,铺设 2 条通道,一条是饲养员进舍、进雏、进饲料的净道,一般是只进不出;另一条是运输鹅粪和淘汰鹅群的污道,一般是只能出不能进,净道和污道不能交叉。兽医室、病死鹅焚烧、粪便处理等场所距生产区 100～200 米,设在场区的下风向。鹅场按地势、风向分区规划如图 9-1。

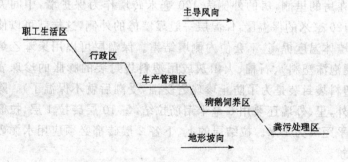

图 9-1　鹅场按地势、风向分区规划示意图

(二)行 政 区

行政区主要包括办公室、门卫值班室、资料室和会议室等。

(三)生 活 区

生活区包括职工食堂、宿舍及其他生活服务设施和场所等。应严格执行生产区和生活区相隔离的原则。

三、种鹅舍建设要求

我国北方冬季气温较低,有时可达—30℃以下,而夏季又较炎热,最高温度可达 30℃以上。所以,对鹅舍的基本要求是冬暖夏凉,空气流通,光线充足,便于饲养管理,经济耐用。各地可因地制宜,就地取材,因陋就简地建造实用鹅舍。

(一)保温建筑结构

1.墙体　如果墙体是砖瓦结构的承重墙,就应当是 240 毫米砖墙在房的里侧,房的外侧为 120 毫米砖墙作为保护墙,中间夹60～120 毫米的保温层,保温层一般靠墙体的外侧,这样就可以使承重墙体温度提高,不会使内侧墙结霜。保温层可以用聚苯乙烯板(硬泡沫塑料)、石棉、火山灰或用塑料袋封装的膨胀的珍珠岩(用塑料袋封装是为了防止珍珠岩受潮,受潮后就不保温了)。除此之外,里、外墙还要用 6 毫米钢筋拉结,每 10 层砖拉 1 层,拉筋的水平距离为 1 米。拉结层的上、下各 2 层砖都必须应用水泥砂浆砌筑。

2.设置顶棚　要求鹅舍的顶棚距地面高 2 米。搭顶棚的原料可以用木板、柳条、秫秸或谷草等。如果用木板搭顶棚,一定做成板牙子;柳条、秫秸、谷草搭顶棚,一定用绳子扎成把。搭成顶棚后在上面抹一层稀"羊角泥",在"羊角泥"上铺一层油毛毡,在油毛毡上再铺上 20～30 厘米锯末或麦秸、稻壳等。除此之外,顶棚要设置排气窗通风换气。

3. 地面 地面要求保温、排水、易消毒清扫。首先,铺 30 厘米的干炉渣,在炉渣上铺一层红砖或水泥。要求舍内地面比舍外高 25～30 厘米,向舍外有一定的倾斜度,以便消毒和排水。

4. 窗户 鹅舍的窗户要求保温性能好,采用双层玻璃,并在窗户外面设有保温窗帘,晚间放下来。

(二)建筑要求

1. 育雏舍 育雏舍应以保温、干燥、通风但无贼风为原则。一般南窗的采光系数(即与地面面积之比)为 1：10～12,南窗离地面 60～70 厘米。北窗面积应为南窗的 1/3～1/2,离地 100 厘米。育雏舍地面用水泥或砖铺成。最好采取网上育雏。如果是平养,放置饮水器的地方,要有排水沟,并盖上网板,雏鹅饮水时溅出的水可漏到水沟中排出,确保室内干燥。

2. 育成鹅舍 根据育成鹅生长快、生活力强,适应性强特点,可修建开放式简易鹅舍,地面平养配运动场,饮水位置设在运动场外端,以保持舍内干燥。饲养密度为舍内 6～8 只/米²、运动场4～5 只/米²。每间育成舍 10～15 米²。运动场搭设遮阴装置,育成舍面积不小于 160 米²,运动场不小于 400 米²。

3. 种鹅舍 种鹅舍南窗面积与地面的比不小于 1：10,北窗面积为南窗的 1/3 以上。地面用水泥或砖铺成。地面有适当坡度,饮水器置于较低处,并在其下面设置排水沟,地面较高处安置产蛋箱。有条件的鹅场最好采用网上饲养的方式。

4. 运动场 运动场包括陆地和水上运动场。陆地运动场面积应为鹅舍的 2 倍以上,其地面有 5°～15°的坡度,以利排水,最好用砖铺成。运动场的一端应搭有凉棚或种植树木,形成遮阴带。

水上运动场供鹅洗浴和配种用。水上运动场可以用天然沟塘、河流、湖泊，也可以用人工浴池。人工浴池一般宽2～2.5米，深0.5～0.6米，用水泥砌成。水上运动场的排水口要设沉淀井，沉淀泥沙、粪便等，避免堵塞排水道。

四、环境保护

对外隔离鹅场的大门处必须建造大消毒池，其宽度大于大卡车的车身，长度大于车轮2周长，池内放有效消毒溶液。生产区门口建职工出入消毒池和更衣消毒室。鹅舍门口必须建小消毒池，要宽于舍门。

粪污处理。建立粪污及污水处理设施，如三级化粪池等。粪污及污水处理设施要与鹅舍同时设计并合理布局。鹅场最好有牧草、蔬菜和果粮等种植地，使种养有机结合，保护生态环境，实现持续发展。

使用环保型饲料，平衡蛋白质，补充氨基酸，并在日粮中补充植酸酶等，提高氮、磷的利用率，减少氮、磷的排泄。

绿化环境。鹅场内道路两侧、鹅舍之间空地、隔离带等没有硬化的地面，都可以种植花草和绿化树，既可美化环境，又可改善场内的小气候，减少环境污染。

第十章　种鹅的疾病防治

一、综合防治措施

(一)掌握鹅传染病的发病规律

疾病防治是养鹅成败的关键,鹅场必须贯彻"预防为主"的方针,落实各种措施,做好预防工作,减少疾病发生的概率。由于鹅为群居饲养,一旦发病就会迅速传播,尤其是传染病会给养殖造成巨大损失。掌握鹅传染病的发病规律,制订切实可行的免疫程序,防患于未然。

(二)增强种鹅群的自身抵抗力

根据种鹅的不同生长阶段,提供合理的饲养管理和日粮,提高种鹅自身抵抗力。尤其是育雏期,是发病率和死亡率的最高时期,在饲养管理时要根据雏鹅的生理特点精心饲养,主要抓好营养和环境两关,提供全价饲料,以增强抵抗力。创造适宜的温度、湿度、通风、饲养密度和卫生等环境条件,减少发病概率。

(三)建立健全疾病防控体系

把好入口关。场区门口和各舍的入口应设有消毒池等消毒设施。严禁外来车辆和人员随意进出鹅场。进入生产区时必须更换工作服,并经消毒后,方可进入。

有效治疗。当发生疫病时,应做到早发现、早隔离、早治疗,防止疫情扩散。

实施疫病监测制度,制订切实可行的免疫程序。根据当时、当地的实际情况,制定疫病监测方案。在生产中,注意摸索,注意总结,研制出一套适合本地的切实可行的免疫程序。

二、病毒性疾病

(一)小鹅瘟

【病　因】　小鹅瘟是由细小病毒引起的一种烈性、败血性传染病。3~4日龄以至1月龄以内的任何品种的雏鹅易发生,20日龄以上的雏鹅很少发病。日龄越小,发病率和死亡率也越高。最高发病率和死亡率出现在10日龄以内的雏鹅,可达95%~100%。病鹅通常在出现症状之后12~48小时即死亡。在疫病流行的后期或是日龄较大的病鹅,症状比较轻,以食欲不振和腹泻为主,病程较长,可以延长1周以上,少数病鹅可以自然康复。

【症　状】　7日龄以内的雏鹅感染后往往呈最急性型,只有0.5~1天的病程,有时不显任何症状即突然死亡。一般雏鹅在感染以后,首先表现精神委顿、缩头,步行艰难,常离群独处,继而食欲废绝,严重腹泻,排出黄白色水样和混有气泡的稀便,喙的基部色泽变深(发绀),鼻液分泌增多,病鹅摇头,口角有液体甩出,嗉囊中有多量气体和液体,有些病鹅临死前可出现神经症状,颈部扭转,全身抽搐或发生瘫痪。剖检可见病鹅肛门附近常有稀粪沾污,泄殖腔扩张,挤压时流出黄白色或黄绿色稀薄粪便。口腔和鼻腔中有一种棕褐色稀薄液体流出。本病的主要病变在消化道,特别是小肠部分。死于最急性的病鹅,十二指肠黏膜充血,呈弥漫红色,表面附着多量黏液。病程在2天以上,日龄在10天以上的病鹅,在小肠中段和下段,特别是靠近卵黄柄和回盲部的肠段,外观上变得极度膨大,体积比正常的肠段增大2~3倍,质地坚实,好像香肠一样。将膨大部分的肠壁剪开,可见肠壁紧张、变薄、肠腔中充塞着一种淡黄色的凝固的栓子状物,将肠腔完全堵塞。栓子很干燥,切面上可见中心是深褐色的干燥肠内容物,外面包裹着一层厚的灰白色假膜,是由坏死肠黏膜组织和纤维素性渗出物凝固所形成的,这是小鹅瘟的一个具有特征性的病理变化。可是也有部分病鹅的小肠并不形成典型的凝固栓子,肠道的外观也不显著膨大和坚实,整个肠腔中充满黏稠的内容物,肠黏膜充血发红,表现急性卡他性肠炎变化。病鹅肝脏肿大,呈深紫红色或黄红色,胆囊显著膨大,充满暗绿色胆汁。脾脏和胰腺充血,偶尔有灰白色坏死点。

【诊　断】　根据小鹅瘟病毒侵染的对象是 1 月龄以内的雏鹅这一特点,结合有严重腹泻和排出灰白色或黄绿色水样稀便并有时伴有神经性症状等特点,剖检时有的典型病例可看到形成典型的凝固栓子,可以作出初步诊断。确诊时需做病毒分离及血清学检测。

【防　治】　各种抗生素和磺胺类药物对此病治疗和预防均无效,因此,必须切实做好预防工作。严禁从疫区购进种蛋、雏鹅及种鹅;入孵的种蛋应严格用 40％甲醛溶液熏蒸消毒,以防止病毒经种蛋传播,孵化场也必须定期用消毒剂进行消毒;病死的雏鹅应焚烧或深埋,对被污染的场所要彻底消毒,严禁病雏鹅外调或出售;在母鹅产蛋前 30 天内,注射小鹅瘟弱毒疫苗 2 次,2 次间隔约15 天(或参照疫苗使用说明书),每次每只肌内注射 1 毫升,2 周后母鹅所产的种蛋孵出的雏鹅具有很强的免疫力。未经免疫的种鹅所产蛋孵出的雏鹅,在出壳后 24 小时内,每只皮下注射抗小鹅瘟高免血清 0.3～0.5 毫升,其保护率可达 95％。7 日龄时再注射高免血清 0.8～1.0 毫升或小鹅瘟疫苗。对已经感染发病的雏鹅,每只肌内注射高免血清 1.2～1.5 毫升,具有治疗作用。

(二)鹅副黏病毒病

【病 因】 鹅副黏病毒病由副黏病毒引起,各日龄鹅均可发生。发病最小的仅为 3 日龄,最大的为 300 余日龄。发病率为 16%~100%,平均 32%,发病鹅日龄越小对本病越敏感(发病率和死亡率越高),而且病程短,很少康复。其中 15 日龄以内雏鹅的发病率和死亡率可以达到 100%。随着日龄增长,发病率及死亡率均下降。

【症 状】 本病的主要特点是腹泻。患雏发病初期排灰白色稀便,病情加重后,粪便呈水样,带暗红、黄色、绿色或墨绿色。患雏精神委顿,无力,常蹲地,有的单脚时常提起,少食或拒食,体重迅速减轻,但饮水量增加,行动无力。部分患雏后期表现扭颈、转圈,仰头等神经症状,饮水时更加明显。10 日龄左右病鹅有甩头、咳嗽等呼吸道症状。日龄较大的耐过雏鹅,一般于发病后 6~7 天开始好转,9~10 天康复。病变的特点为剖检可见肠黏膜枣核状的坏死。十二指肠、空肠、回肠、结肠黏膜有散在性或弥漫性大小不一、淡黄色或灰白色的纤维素性结痂;剥离后呈出血面或溃疡面;盲肠扁桃体肿大,明显出血。盲肠、直肠和泄殖腔黏膜均有弥漫性大小不一、淡黄色或灰白色的纤维素性结痂;肝脏肿大,淤血、质地较硬,有数量不等,大小不一的坏死灶。脾脏肿大、淤血、有芝麻大至绿豆大的坏死灶,如大理石样;胰腺肿大,有灰白色坏死灶;脑充血、淤血;心肌变性;食管黏膜,特别是食管下端黏膜有散在性芝麻大小灰白或淡黄色结痂,易剥离,剥离后可见紫色斑点或溃疡;部分病鹅的腺胃和肌胃充血、出血。

【诊 断】 根据腹泻、灰白色水样稀便,饮水量增加,扭颈、转圈及肠黏膜枣核状的坏死等症状,可作出初步判断,确诊要进行病毒的分离鉴定和血清学试验。

【防 治】 在产蛋前 2 周对种鹅进行 1 次灭活疫苗注射,使鹅群在产蛋期均具有免疫力,经免疫种鹅产蛋孵出的雏鹅 15~20 日龄进行 1 次灭活苗免疫。无母源抗体的雏鹅,可据本地的流行情况,在 2~7 日龄或 10~15 日龄进行 1 次免疫。对发病鹅群做好隔离工作,首先对健康鹅免疫注射抗鹅副黏病毒病的高免血清,然后再免疫假定健康鹅,同时可适当应用抗生素以避免或减少继发病。鹅群必须与鸭、鸡群严格分区饲养,不得混养,避免相互传染。严格卫生消毒,对场舍、用具等均用含氯消毒剂消毒,杜绝传染源。

(三)禽流感

【病　因】　目前已发现的流感病毒只有 15 个 H 亚型,引起我国禽类发病的主要是 H5 亚型和 H9 亚型。其中,以 H5N1 型病毒危害性最为严重,它是一种急性高度接触性传染病,一年四季均可发生,但以冬季和春季较为严重,各龄期的鹅都会感染,尤以 1~2 个月的仔鹅最易感病。以传播快,死亡率高(100% 发病死亡)为特征。个别毒株还能引起易感人体发病死亡,被国际动物卫生组织列为 A 类烈性传染病;H9 亚型禽流感病毒虽属于温和型流感病毒,也能引起易感雏禽 100% 发病,10%~50% 死亡,鹅群产蛋量严重下降,甚至绝产。

【症　状】　临床典型特点为眼红(又称红眼病)、流泪。初期症状为眼红流泪、减食腹泻,后期为精神沉郁不食,呼吸困难、肿头流涕、眼红加剧甚至眼、鼻出血,急性期部分鹅单或双侧眼角膜浑浊甚至失明,部分歪头曲颈。雏鹅神经症状明显,表现站立不稳、歪头曲颈、后腿倒地。雏鹅症状明显重于成鹅。剖检时以充血、出血和水肿为主要特征。脑壳和脑膜严重出血,脑组织充血、出血;胸腺水肿或萎缩出血,胸、腿肌外侧点状出血,结膜瞬膜充血、水肿、严重出血;角膜浑浊呈灰白色;头部及眼睑皮下充血及胶冻样浸润水肿;鼻窦、喉、气管水肿并充血、出血、有很多黏液,喉头黏膜不同程度出血,气管黏膜有点状出血;腺胃及肌胃充血、出血;心内外膜出血,胰腺出血;肝脏肿大淤血,肾脏肿大充血,肾尿酸盐沉积;直肠及泄殖腔黏膜弥散性出血,盲肠出血;产蛋鹅卵泡破裂于腹腔中,卵泡充血变形;雏鹅法氏囊严重出血。

【诊　断】　依据本病的流行特点、红眼、呼吸困难、肿头流涕、甚至眼、鼻出血等典型症状及剖检充血、出血和水肿等病变可作出初步诊断,确诊需进行实验室检查。

【防　治】　禽流感被国际动物卫生组织列为 A 类烈性传染病,一旦发现可疑病例,应立即向上级兽医行政部门汇报病情,以便及时采取有效措施,包括隔离、封锁、扑杀、消毒等,防止疫情进一步扩散。在饲养管理上应采取综合性防治措施,将病原拒于鹅群之外。主要措施包括:保证全进全出的饲养制度,不同品种的家禽绝不能在同一场地饲养;一定要到健康无病原感染的种禽场购进雏鹅;要有供本场鹅群专用的水塘和运动场,水塘、运动场、鹅舍要定期消毒,保证清洁卫生;接种禽流感油乳剂灭活疫苗,包括单价和多价疫苗,对预防和控制鹅(禽)流感的感染有很好的保护作用。于 40～45 日龄做第一次免疫(如果没有母源抗体,免疫时间需提前),开产前做第二次免疫,对种鹅每 3～6 个月再接种 1 次。正在产蛋的种鹅,接种疫苗对产蛋会有短期的不良影响,最好避开产蛋高峰期接种。

(四)鹅 鸭 瘟

【病　因】　鹅鸭瘟俗称大头瘟,是由鸭瘟病毒引起的传染性疾病。成年鹅,尤其是产蛋母鹅,发病率和死亡率都较高,3～4 月龄的肉用仔鹅较少发病,1 月龄以内的雏鹅发病极少。

【症　状】　鹅感染鸭瘟,多呈慢性经过,潜伏期一般 3～5 天。患病初期,精神和食欲无多大变化。当体温升高至 42℃～43℃时,出现精神沉郁,行动呆滞,食欲废绝,两腿发软,行动困难,翅膀下垂,流泪,畏光,眼睑水肿、周围羽毛黏湿。起初眼睛流出浆性液体,以后变成黏稠或脓样分泌物,上、下眼睑部分粘在一起,眼结膜出血、水肿,部分病鹅头肿大,鼻中流出稀薄或黏稠的分泌物,呼吸困难,下痢,排出灰色或灰白色稀便,泄殖腔周围羽毛沾污结块,腔内黏膜充血、水肿,继而泄殖腔溃烂,严重外翻,多数病鹅临死前口腔流出淡黄色有臭味的浑浊液体。病程 6～20 天。极少数病例可以耐过,但多表现为生长发育不良。

典型病例的病死鹅皮下组织发生不同程度的炎性水肿,呈淡黄色胶冻样浸润状,并可见有淡黄色透明液体流出。口腔和食管黏膜上有灰黄色假膜或小出血点。整个肠道发生急性卡他性炎症,充血、出血、坏死,并形成假膜,以小肠和直肠最为严重。泄殖腔黏膜表面有出血点,并覆盖一层不易剥离的黄绿色坏死结痂或溃疡,腔上黏膜充血、出血,后期出现黄白色凝固渗出物。肝脏有数量不等、不规则的、大小不一的黄色坏死病灶,胆囊充盈,心内、外膜有出血点,血液凝固不良。产蛋母鹅卵泡充血、出血,整个卵泡变成暗红色。

【诊　断】　根据鹅与患有鸭瘟的病鸭有密切的接触史及典型的特征性症状与病变,即可作出初步诊断,确诊需依靠实验室诊断。

【防　治】　本病尚无有效治疗药物。只能采取加强饲养管理,提高鹅群健康水平,增强抗病力,避开鸭瘟流行区,严格消毒和注射鸭瘟疫苗等办法来预防,建议种鹅 1 年接种 2 次鸭瘟疫苗,尤其是在开产前,剂量为鸭用量的 5 倍。

(五)雏鹅新型病毒性肠炎

【病　因】　雏鹅新型病毒性肠炎是由腺病毒引起的(程安春于 1997 年研究证实)。

该病主要引起 3～30 日龄雏鹅的发病和死亡,死亡高峰集中在 10～18 日龄,死亡率为 15％～25％,最高可达 100％,30 日龄后基本不死亡。

【症　状】　临床典型症状为昏睡、腹泻、喙端色暗。一般分为最急性、急性、慢性 3 型。

最急性型常见于 3～7 日龄,常常没有前期症状,一旦出现症状即极度衰竭,昏睡而死或死前倒地乱划动,迅速死亡,病程几小时至 1 天;

急性型多于 8～15 日龄发病,主要表现为嗜睡、腹泻、呼吸困难、喙端触地,昏睡而死,病程 3～5 天。

慢性型 15 日龄后多发病,表现为精神不振、间歇性腹泻、消瘦衰竭死亡,幸存者发育不良。

剖检可见最急性型肠黏膜严重出血;急性型可见尸体脱水、心肌松弛、小肠段出现纤维素性坏死性肠炎的“香肠样”病理变化,触之坚实(与小鹅瘟极其相似),最长达 10 厘米以上。皮下充血、出血;胸肌、腿肌出血呈暗红色,胆囊肿胀,肝、肾淤血呈暗红色。

【诊　断】　根据嗜睡、腹泻、呼吸困难、喙端触地,昏睡而死及剖检症状即可作出初步诊断,确诊要进行病毒分离鉴定和血清学试验。本病症状与小鹅瘟很相似,应注意鉴别诊断。

【防　治】　目前雏鹅新型病毒性肠炎尚无有效的治疗药物,应从加强饲养管理入手,不从疫区引进鹅种;在种鹅开产前使用“雏鹅新型病毒性肠炎－小鹅瘟二联弱毒疫苗”进行 2 次免疫,3～4 个月能使后代雏鹅获得母源抗体的保护,不发生雏鹅新型病毒性肠炎和小鹅瘟,这是预防此病最有效的方法;来源于未免疫种鹅的雏鹅,应在 1 日龄内,用雏鹅新型病毒性肠炎弱毒疫苗免疫;或用雏鹅新型病毒性肠炎高免血清,皮下注射 0.5 毫升即可有效防治该病的发生,对发病的雏鹅群,也可用此高免血清皮下注射1.0～1.5 毫升,并配合使用抗生素,有较好的疗效。

三、细菌和真菌性疾病

(一)禽出血性败血症

【病　因】　禽出血性败血症又名禽霍乱、禽巴氏杆菌病、摇头瘟等,是由禽型多杀性巴氏杆菌引起的鹅、鸭、鸡等家禽和野禽的一种以急性败血性及组织器官的出血性炎症为特征的传染病,常伴有恶性腹泻;慢性型发生关节炎。该病多发生于秋冬季节,流行广泛,是危害养禽业的一种严重传染病。

【症　状】　本病可分为最急性型、急性型和慢性型3种类型。

最急性型常发生在本病刚开始暴发的最初阶段,病鹅无前期症状,有的正在吃料时突然死亡,有的在奔跑时突然倒地死亡;死亡病例体表检查,可见眼结膜充血、发绀,剖检特征是浆膜有小点状出血,肝脏表面有很细微的黄白色坏死灶。在本病的流行过程中,最急性病例只占极少数。

急性型病鹅精神委顿,离群独处,头隐翅下,闭目呆立,不下水,饮水增多,尾翅下垂,羽毛蓬乱,食欲减少或废绝,有时频频摇头,口鼻常流出白色黏液或泡沫。腹泻,排出绿色、灰白色或淡绿色恶臭稀便。体温升高至41℃～43.5℃,后期呼吸困难,病程2～3天,之后很快死亡,死亡率达50%～80%。剖检可见皮肤发紫变红,胸腹腔、浆膜有出血点或有出血斑。肺脏充血、水肿或有纤维素渗出物,也有卡他性炎症;心外膜、心冠沟脂肪有大量出血点,心包液增多,呈淡黄色透明状,有的也有纤维絮状物,液体浑浊;肝脏稍肿,呈土黄色,质地脆弱,表面有针尖状出血点和坏死灶;胆囊肿大,肠道充血、出血,特别是十二指肠出现卡他性出血性炎症。盲肠黏膜有溃疡;脑充血和出血。

慢性型多在疫情流行后期,病鹅持续腹泻、消瘦、贫血,有的出

现关节炎症状,关节肿胀、化脓、跛行。慢性病例剖检症状多呈关
节炎,关节肿胀,关节囊壁增厚、关节腔内有暗红色浑浊而黏稠液
体,关节面粗糙,有豆渣样渗出物。肝脏一般有脂肪变性或坏死
灶。慢性病鹅一般不死亡,但对生长、增重、产蛋有较大影响,长期
不能恢复。幼鹅的发病与死亡率较成年鹅严重,通常以急性为主,
一般表现为精神委顿、拒食、排稀便、喉头有黏稠分泌物。蹼与趾
发紫,眼结膜有出血斑点,病程1～2天后即死亡。

　　【诊　断】　典型病理变化为心内、外膜有出血点或血斑,肝脏
表面有分布均匀的灰白色坏死点。十二指肠的病变较显著,发生
严重的急性卡他性肠炎或出血性肠炎,肠黏膜充血、出血,肠内容
物中有含大量脱落黏膜碎片的淡红色液体。肌胃角质膜下也有出
血斑点。根据流行特点、发病症状和病理变化可对本病作出初步
诊断,确诊需进行细菌分离鉴定。

　　【防　治】　加强饲养管理,杜绝传染源和切断传播途径,保持
鹅场(舍)干燥、干净、通风、光线充足。同时,要定期检疫,早发现
病鹅,及时隔离,以防止传染。场地、水池、圈舍定期用药物消毒,
如漂白粉、石炭酸、氢氧化钠、百毒杀药物交替使用。可用禽霍乱
蜂胶灭活苗注射,2月龄以上的鹅每只胸肌注射1毫升。本疫苗
可以与抗生素等化学药物同时应用,对抗生素具有协同作用,无副
作用。发现疫情后,及时隔离治疗,病死鹅全部深埋或梵烧。对未
发病的同群假定健康鹅全群注射疫苗,投给抗生素或磺胺类药物,
以控制疫情。

　　发病后,可采用下列方法进行预防和治疗:①复方敌菌净,30
毫升/千克体重,每日服2次,连用3天。也可按饲料量的0.02%
混于饲料中喂给,连用3天。②复方禽菌灵,按饲料量的0.6%混
均喂给,连用3天。③强力霉素混饲或混饮,0.02%混于饲料中或
按饮水量的0.01%混于饮水中,连用3～5天,也可用土霉素按
0.1%的量在饲料中拌和饲喂。④可用喹诺酮类药物,如环丙沙

星、恩诺沙星，按 0.02％混饲、0.01％混饮，连用 3～5 天。在饮水中可适当添加多维、速补-14、维生素 C 等。⑤对于重症者可肌内注射链霉素，成鹅 10 万单位(100 毫克)/只，中鹅 3 万～5 万单位。每隔 6～8 小时 1 次，连续 3～6 次，效果较好。

(二)卵黄性腹膜炎

【病　因】　当成熟的卵黄向输卵管伞落入时母鹅突然受到惊吓等应激因素的刺激，卵黄直接落入腹腔中。母鹅发生难产，输卵管破裂，卵黄从输卵管裂口坠入腹腔。由于其他疾病(尤其是大肠杆菌病、沙门氏菌病、某些腺病毒感染或禽流感等)致使输卵管发炎或卵巢受侵害，致使卵泡、卵黄变性、皱缩、破裂，使卵黄直接流入腹腔致病。日粮配合不合理，磷含量过高，磷、钙比例失调以及维生素缺乏，使机体的代谢功能发生障碍。由于炎症和疾病的原因，造成输卵管功能障碍，输卵管伞的活跃与静止状态失去平衡，排卵时未处于活跃状态，从而不能获得卵黄而使其排入腹腔。由于输卵管峡部破裂，将未形成壳的蛋直接排入腹腔所致。

【症　状】　本病多呈慢性经过，患病之初产蛋鹅突然停产，但每天仍有产蛋行为。随后出现食欲不振，采食量减少(有些病例减少不明显)，精神沉郁，行动迟缓，不活泼。腹部逐渐增大而下垂，常呈企鹅式的步行姿态，触诊其腹部，有敏感反应，并有波动感。有些病例的腹部胀大而稍硬，宛如面粉团块。有些病例呈现贫血，腹泻，出现渐进性消瘦。有些病鹅虽一直保持肥度，最后多半出现衰竭而死亡。剖检后，可见腹腔中积有棕黄色或污绿色的浑浊、浓稠的液体，并沾污各个器官，味恶臭。腹腔中还可见到凝固或半凝固、数量不等的卵黄，有时还可见完整的蛋，破裂的蛋壳或软壳，以及纤维素性渗出物，并和肠系膜、脏器粘连。

【诊　断】　根据临床症状、剖检病变和实验室检查等对本病进行诊断。

【防　治】　一旦发生腹部增大而下垂,触诊有波动感,就可怀疑为本病,无治疗价值,应及早淘汰。在预防上应注意日粮中的蛋白质、维生素、钙、磷的比例,减少应激因素,及时注射大肠杆菌病油乳剂灭活疫苗,及时防治沙门氏菌病、维生素缺乏症、脂肪肝出血综合征及痛风等疾病。搞好日常清洁卫生,特别是饮水的清毒,池塘边的水也要结合鱼病防治。为了改善环境及水源的卫生,可饲喂微生态制剂,利用生物竞争抑制大肠杆菌的繁殖。

(三)禽副伤寒

【病　因】　是由沙门氏杆菌属中的鼠伤寒沙门氏菌,肠炎沙门氏菌引起的急性或慢性传染病。对雏鹅危害较大,尤以3周龄以下的幼鹅最为易感,死亡率较高,表现腹泻、结膜炎和消瘦等症状,成年鹅呈慢性或隐性感染。

【症　状】　急性病例常发生在孵出后数天内,往往不见症状就死亡,这种情况多是由卵内传递或雏鹅在孵化器内接触感染。雏鹅1～3周易感性高,表现为精神不振,食欲减退或废绝,口渴、喘气、呆立、头下垂,眼闭、眼睑水肿,两翅下垂。雏鹅排出粥状或水样稀便,当肛门周围被粪便污染干涸后,肛门堵塞,排便困难。结膜发炎,鼻流浆液性分泌物,羽毛松乱,关节肿胀,出现跛行,驱赶时走路蹒跚,共济失调。经1～2天,体温升至42℃以上。后期出现神经症状,摇头角弓反张,全身痉挛,抽搐而死。病程2～5天。急性病例剖检一般无明显的病理变化,病程较长时,肝脏肿大,充血,呈古铜色,有黄色斑点和细小的坏死灶,胆囊肿大并充满大量胆汁,肠黏膜充血,呈卡他性肠炎,有点状或块状出血。脾脏肿大呈暗红色,伴有出血条纹或小点坏死灶。心包炎,心包内积有浆液性纤维素渗出物,盲肠内有干酪样物质形成栓塞。慢性病例肠黏膜坏死,带菌的仔鹅可见卵巢和输卵管变形和发炎,有的发生腹膜炎,角膜混浊。

【诊　断】　根据主要发生于 20 日龄以下的雏鹅,排出粥状或水样稀便,肛门周围被粪便污染甚至堵塞等症状可作出初步诊断,确诊要进行病原菌的分离鉴定。

【防　治】　防止种蛋污染,保持产蛋箱内清洁卫生,经常更换垫料。每天定时捡蛋,做到箱内不存蛋。每天的种蛋及时分类,消毒后入库。蛋库的温度为 12℃,空气相对湿度 75％。保持蛋库清洁卫生,经常性消毒,入孵前再进行 1 次消毒。孵化器和孵化室做到经常消毒,出入孵化室做到更衣、换鞋、闲人不得入内。防止雏鹅感染,接送雏鹅的用具、筐箱、车辆等要严格消毒。育雏舍在进雏前,对地面、空间、垫料要彻底消毒,雏鹅的饲料和饮水中适当添加抗生素药物。注意雏鹅阶段的饲养管理,育雏舍要铺干燥、清洁的垫草,要有足量的饮水器和食槽,密度不得过大,注意通风。雏鹅不要与种鹅或肥育鹅同栏饲养。

药物治疗:①环丙沙星,按饲料 0.02％的比例混匀于饲料内喂给,连用 3 天;或按 0.01％溶于饮水中,连饮 3 天。②土霉素按 0.1％或强力霉素按 0.02％混于饲料中,连喂 3 天。③卡那霉素肌内注射,每只每日 2.5 毫克,分 2 次注射,连续注射 3～5 天。

(四)鹅流行性感冒

【病　因】　鹅流行性感冒是由志贺氏杆菌引起的一种急性、渗出性、败血性传染病。此病仅感染鹅,尤以 1 月龄以内的雏鹅最易感染,常发生在春季。

【症　状】　本病的特征是流鼻液、呼吸困难及摇头,潜伏期短,几小时即出现症状。食欲不振,精神委顿,羽毛蓬乱,缩颈闭目、怕冷、常挤成一堆。鼻孔不断流清水,有时也有泪水,呼吸困难、急促,常伴有鼾声,张口呼吸。患鹅频频强力摇头,常把颈部向后弯,把鼻腔黏液甩出去,并在身躯前部两侧羽毛上揩擦鼻液,使雏鹅羽毛脏而湿。重者出现腹泻,脚麻痹,不能站立,无力蹲在地上。剖检可见喉头、鼻窦、气管、支气管内有明显的纤维薄膜增生，常伴有黄色半透明的黏液，肺淤血、心内外膜出血或淤血，浆液性、纤维素性心包炎。肠黏膜充血，肝、脾、肾淤血或肿大。肝脏、脾脏、肾脏等有灰黄色坏死点。

【诊　断】　根据流鼻液、甩黏液，呼吸困难，急促，常伴有鼾声，喉头、鼻窦、气管、支气管内有明显的纤维薄膜增生，并常伴有黄色半透明的黏液等症状可对本病作出初步诊断，确诊需进行病菌的分离鉴定。

【防　治】　鹅流行性感冒病程短，治疗效果不理想，主要应加强预防工作。在饲养管理过程中，重点要抓好保温、防潮。育雏最初 1～5 天内要求温度在 30℃～28℃，以后逐渐降温，每 5 天降 2℃为宜，直至降到常温。饲喂全价配合饲料。药物治疗：①复方敌菌净，每千克体重 30 毫克内服，2 次/天，连用 3 天。②20％磺胺嘧啶钠注射液，每只鹅首次肌内注射 2 毫升，而后每日 3 次，每次 1 毫升。③青霉素，每只鹅 2 万单位肌内注射。④口服土霉素也有一定疗效。

(五)禽葡萄球菌病

【病　因】　鹅葡萄球菌病又称传染性关节炎，是感染了金黄色葡萄球菌所致。长毛期的小鹅发病率高。

【症　状】　急性型有全身症状，精神沉郁，食欲不振，小鹅常出现败血症而死亡，病程 3～6 天。慢性型病鹅常在跗、趾、肘关节发炎肿胀，跛行，不愿行动，出现结膜炎，有时在胸部龙骨上发生浆液性滑膜炎，病程 2～3 周，最后极度衰弱而死。在败血症时，病鹅的皮肤、黏膜、浆膜发生水肿、充血和出血。急性病例出现关节炎、滑膜炎。慢性病例关节软骨出现糜烂及干酪样物质覆盖，腿部肌肉萎缩。

【诊　断】　根据临床与剖检初诊，实验室检验是从肿胀的关节取关节腔内的液体,或从心脏、肝脏、脾脏采取病料,分离到黄色葡萄球菌,即可确诊。

(六)曲霉菌病

【病　因】　鹅曲霉菌病是禽类一种常见霉菌病,主要是由曲霉菌属中的烟曲霉菌引起。此外,黄曲霉菌等也有不同程度的致病力。雏鹅敏感,常呈急性暴发,成年鹅个别发生。

【症　状】　本病雏鹅发病率较高,主要侵袭呼吸系统,表现呼吸困难,张口呼吸,颈部气囊明显胀大。眼鼻流液,有甩鼻液现象,闭眼无神,食欲减少或消失,饮欲增加,迅速消瘦,有些雏鹅发生曲霉菌性眼炎,眼睑黏合,分泌物增多,使眼睑鼓凸。到后期,出现腹泻,吞咽困难。有些雏鹅脑内感染曲霉菌,毒素刺激可出现神经症状。剖检时,主要病变在肺和气囊,有时也发生鼻腔、喉、气管炎症。颈部皮下、肺、气管和胸腹腔黏膜有一种针尖大至米粒大的霉菌结节,灰白色或浅黄色,有时融合成团块,柔软有弹性,内容物呈干酪样;在肺、胸腔或腹腔、气管上用肉眼可见成团的曲霉斑。

【诊　断】　根据肺、气管和胸腹腔黏膜有针尖至大米粒大的霉菌结节或成团块,呈干酪样,严重的肉眼可见成团的曲霉斑,可做出初步诊断。确诊需进一步的实验室检查。

【防　治】　不用发霉垫料和不喂发霉饲料,是预防本病的关键措施。饲料要存放在干燥、通风的地方,特别是梅雨季节,注意防止垫料和饲料发霉。垫料经常更换,发霉垫料不得使用,地面要用甲醛熏蒸消毒。育雏舍被污染后,必须彻底清扫、消毒。食槽、饮水器定期清洗消毒后使用。

本病的治疗无特效药物,但通过下列方法有一定的疗效:①制霉菌素,每只雏鹅日用量3~5毫克,拌料喂给,连用3天,停药2天,再用2~3个疗程有一定效果,既可预防,又可治疗。②硫酸铜溶液,浓度1:3 000,作为饮水,连用3~5天。③在饮水中添加一定量的多种维生素或 0.1％的维生素 C,对康复有一定作用。

(七)鹅口疮

【病　因】　由白色念珠菌所致,感染鹅上消化道的一种霉菌病。主要发生于 2 月龄以内的雏鹅和中鹅。本病可通过消化道传染,也能通过蛋壳传染。

【症　状】　病鹅主要表现生长不良,精神委顿,羽毛粗乱,口腔黏膜上有乳白色或淡黄色斑点,并逐渐融合成大片白色纤维状假膜或干酪样假膜,故称鹅口疮,这种假膜多发生于嗉囊。口腔黏膜有乳白色假膜,嗉囊增厚呈灰白色,有的有溃疡,表面覆盖黄白色假膜,少数病例食管中也能见到相同病变。

【诊　断】　根据口腔和食管、嗉囊的特殊病变,可初步作出诊断,进一步确诊可采取组织抹片,革兰氏染色,显微镜检查,即可确诊。

【防　治】　搞好鹅舍及环境清洁卫生,保持干燥通风。大群治疗可用制霉菌素 50～100 毫克/千克体重,混入饲料中拌匀,连喂 7～21 天;口腔黏膜溃疡涂碘甘油;嗉囊中灌入 20％硼酸;饮用 0.05％硫酸铜溶液。鹅种蛋要严格消毒。

四、寄生虫病

(一)前殖吸虫病

【病　因】　鹅感染此病多因到水池岸边放牧时,捕食寄生有前殖吸虫的蜻蜓而引起;同时,含虫卵的粪便落入水中,造成病原散播。

【症　状】　感染初期,病鹅外观正常,但蛋壳粗糙或产薄壳蛋、软壳蛋、无壳蛋,或蛋壳内仅有蛋黄或少量蛋清,继而病鹅食欲下降,消瘦,精神委靡,蹲卧墙角,滞留空巢,或排乳白色石灰水样液体,有的腹部膨大,步态不稳,两腿叉开,肛门潮红、突出,泄殖腔周围沾满污物,严重者因输卵管破坏,导致泛发性腹膜炎而死亡。剖检后,输卵管发炎,黏膜充血、出血、极度增厚,后期输卵管壁变薄甚至破裂。腹腔内有大量浑浊的黄色渗出液或脓样物。

【诊　断】　根据症状,结合查到粪便中虫卵,或剖检有输卵管病变并查到虫体可确诊。

【防　治】　勤清除粪便,堆积发酵,杀灭虫卵,避免活虫卵进入水中;圈养鹅,防止吃入蜻蜓及其幼虫;及时治疗病鹅,每年春、秋两季有计划地进行预防性驱虫。

驱虫可用下列药物:①六氯乙烷,按每千克体重 0.2～0.3克,混入饲料中喂给,每日 1 次,连用 3 天。②丙硫苯咪唑(抗蠕敏),每千克体重 80～100 毫克,一次内服。③吡喹酮,每千克体重 30～50 毫克,一次内服。

(二)背孔吸虫病

【病　因】　背孔吸虫病是由背孔科(Notocotylidae)背孔属(Notocotylus)的吸虫寄生于鸭、鹅、鸡等禽类盲肠和直肠内引起。虫体种类很多,常见的为细背孔吸虫(N. attenuatus),在我国各地普遍存在。

【症　状】　由于虫体的机械性刺激和毒素作用,导致肠黏膜损伤、发炎,病鹅精神沉郁,贫血,消瘦,腹泻,生长发育受阻,严重者可引起死亡。

【诊　断】　根据症状,结合粪便检查发现虫卵及剖检死禽发现虫体可确诊。

【防　治】　勤清除粪便,堆积发酵,杀灭虫卵;对病鹅群定期驱虫;用化学药物消灭中间宿主。

驱虫可用下列药物:①氯硝柳胺,每千克体重 100～200 毫克,一次内服。②硫氯酚(别丁),每千克体重 150～200 毫克,一次内服。③槟榔煎剂,槟榔粉 50 克,加水 1 000 毫升,煮沸至 750 毫升槟榔液,鹅每千克体重 7～12 毫升,用细胶管插入食管内灌服或嗉囊内注射。

(三)嗜眼吸虫病

【病　因】　嗜眼吸虫病俗称眼吸虫病。是由多种嗜眼吸虫寄生于鹅及其他家禽的眼结膜而引起的寄生虫病。临床上常见于成年鹅。

【症　状】　病鹅初时流泪,眼结膜充血潮红,泪水在眼中形成许多小泡沫,眼睑水肿,用脚搔眼或用眼揩擦翼背部,第三眼睑晦暗、增厚、呈树枝状、充血或潮红。少数严重病例,角膜表面形成溃疡,被黄色片状坏死物覆盖,剥离后有的出血。大多数病鹅为单侧眼发病,一只眼出现严重症状,而另一只眼虽有感染而无明显症状,只有少数鹅双侧眼发病。眼内虫体较多的病鹅由于强刺激而失明,难以采食,迅速消瘦,种鹅产蛋减少,最终死亡。

【诊　断】　根据结膜、角膜炎为主的临床症状,肉眼可见的活动虫体,眼内眦瞬膜下的穹隆部可查到嗜眼吸虫,即可诊断。

【防　治】　用 70％酒精滴眼驱虫。其做法是一人将鹅体、鹅头保定好后,另一人把患病眼睑打开,滴入酒精。治疗后有一部分鹅眼出现暂时性充血,不久即恢复正常。滴眼后也可用氯霉素眼药水滴眼消炎。酒精驱虫后,不要马上将鹅放入水中。此外,可采取人工翻眼摘除虫体,做法是将鹅保定好,用钝头细小金属棒插入瞬膜与眼球之间,向内眦方向拨开瞬膜,用眼科镊子从结膜囊内摘除虫体,然后用 2％～4％的硼酸溶液冲洗眼睛。

(四)棘口吸虫病

【病　因】　鹅棘口吸虫病是由卷棘口吸虫寄生于鹅的直肠和盲肠中所引起的一种寄生虫病。鹅吃了含囊蚴的第二中间宿主或从死螺蛳体内逸出的囊蚴而发生感染。

【症　状】　由于虫体的机械性刺激和毒素作用,使消化功能发生障碍,表现为食欲不振,腹泻,贫血,消瘦,生长发育受阻,严重的可引起死亡。剖检可见有出血性肠炎变化,在直肠和盲肠黏膜上附着许多淡红色的虫体,引起肠黏膜的损伤和出血。

【诊　断】　根据临床症状、病理变化和粪便检查有无虫卵进行综合判断。

【防　治】　在本病的流行地区,应做好消灭中间宿主——淡水螺的工作。每年对鹅群进行有计划的驱虫,及时清扫禽舍,对粪便进行堆积发酵,杀灭虫卵。驱虫可使用氯硝柳胺、丙硫苯咪唑、硫氯酚和吡喹酮等药物。

(五)鹅剑带绦虫病

【病　因】　矛形剑带绦虫主要寄生于鹅,是雏鹅和中鹅常见的一种小肠内寄生虫病。当虫体大量积于肠道内时,可堵塞肠腔,破坏和影响鹅的消化吸收,并吸收营养、分泌毒素,对鹅生长发育、肥育增重和产蛋危害很大,甚至发生大批死亡。本病有明显的季节性,多发生于 4～10 月份,而在冬季和早春较少发生。

【症　状】　鹅被该虫寄生后,症状的严重程度取决于被感染程度、年龄及机体抵抗力。由于受虫体的机械刺激,产生毒素和吸收营养,会使小肠壁受损,引起出血性肠炎,严重影响消化功能,食欲不振,渴欲增加,粪便稀臭,先呈淡绿色,后为淡灰色,时有血便,混有黏液,并含有长短不等的虫体孕卵节片。幼鹅发育不良、受阻、消瘦、离群呆立、打瞌睡。常出现神经症状,步态不稳,运动时尾部着地、歪颈仰头、背卧或侧卧两脚划动,多次反复发作,机体极度消瘦而死亡。剖检可见肠内有大量虫体积聚,造成肠阻塞、肠扭转,严重的引起肠破裂。肠壁由于绦虫头节的吸附,使肠黏膜损伤,引起肠出血性炎症,水肿,肠壁生成一种灰黄色结节。粪便稀臭,含有大量虫卵。

【诊　断】　检查病鹅粪便中是否有绦虫节片或虫卵,并结合发病症状、尸体剖检,即可作出诊断。

【防　治】　搞好鹅舍清洁卫生,定期消毒,可预防本病。牧场一旦被病原污染,则应休牧1~1.5个月,以便使病原体丧失侵袭能力。幼鹅容易感染绦虫,对大、中、小鹅应分开饲养。饲养员要固定,工具要专用,防止交叉感染。在本病流行的地方,每年春、秋要进行2次驱虫。幼鹅应在放牧后20天内全群驱虫1次。驱虫投药后24小时内,应把鹅群圈养起来,然后把粪便收集堆积进行生物发酵,以杀死虫体,防止传播。

药物防治:①丙硫苯咪唑,内服,每千克体重25毫克。②硫氯酚,内服,每千克体重50~60毫克。

(六)鹅裂口线虫病

【病　因】　鹅裂口线虫病是寄生于鹅肌胃内一种常见的寄生虫病,对鹅尤其是幼鹅危害较大,严重感染时,常引起大批死亡。本病是鹅的一种重要的寄生虫病,也是目前鹅病防治的重点。

【症　状】　病鹅精神委顿、羽毛松乱、无光泽、食欲不振、消瘦、生长发育缓慢、贫血、腹泻、严重者排出带有血黏液的粪便,常衰弱死亡。病死鹅通常较瘦弱,眼球轻度下陷,皮肤及脚、蹼外皮干燥,剖检可见肌胃角质膜呈暗棕色或黑色,角质膜松弛易脱落,角质层下常见肌胃有出血斑或溃疡灶,幽门处黏膜坏死、脱落,常见虫体积聚,其周围的角质膜也坏死脱落,肠道黏膜呈卡他性炎症,严重者内有多量暗红色黏液。

【诊　断】　结合发病症状、尸体剖检,即可作出诊断。

【防　治】　加强饲养管理,搞好鹅舍的环境卫生,及时清扫、消毒、清除粪便并发酵处理,其次,成年鹅与幼鹅分开饲养,在本病流行的地区鹅群定期进行预防性驱虫,1年至少2次,常用的驱虫药物,如左旋咪唑按每千克体重25～30毫克内服,或用丙硫咪唑按每千克体重50毫克内服。

(七)鹅球虫病

【病　因】　鹅球虫病是由艾美耳属及泰泽属的球虫寄生于鹅的肠道或肾脏引起的一种原虫性疾病。是鹅的主要寄生虫病之一。雏鹅最易感染,患病严重,死亡率高,主要特征为病鹅消瘦,贫血与下痢。成年鹅往往成为带虫者,影响增重和产蛋。

【症　状】　按球虫寄生部位不同,可分为肠球虫和肾球虫2种类型。

(1)肠球虫　在鹅肠道寄生的球虫中,以柯氏艾美耳球虫的致病力最强,能引起严重发病和死亡。病鹅开始精神不振,羽毛蓬乱,无光泽,缩颈,闭目呆立,有时卧地,头部弯曲伸至背部羽下,厌食或废绝,渴欲增加,先便秘后腹泻,由稠逐渐变为白色水样稀便,泄殖腔周围粘有稀便,表现为消瘦。后期由于肠道损伤引起出血性肠炎,出现翅膀轻瘫,稀便中带血,逐渐消瘦,发生神经症状,不久即死亡。剖检可见黏膜苍白,泄殖腔周围羽毛被粪血污染,急性重症肠黏膜增厚、出血、糜烂,在回盲段和直肠中段的肠黏膜具有糠麸样的假膜覆盖,肠黏膜上有溢血点和球虫结节,肠腔内有暗红色血凝块。

(2)肾球虫　由致病力很强的截形艾美耳球虫引起,本种球虫分布很广,对3～12周龄的鹅有致病力,其死亡率高达30%～100%,可引起暴发流行。病鹅发病急,精神沉郁,食欲不振,排白色粪便。翅膀下垂,目光迟钝,眼睛凹陷。存活者歪头扭颈,步态摇晃或以背卧地。剖检可见肾肿大,由正常的淡红色变为淡黄色或红色,可见有针尖大小的白色病灶或条纹状出血斑,在灰白色病灶中含有尿酸盐沉积物及大量卵囊。

【诊　断】　根据血便症状及肠假膜压片或肾组织压片的实验

室镜检,可发现大量的裂殖体和卵囊;取肠内容物涂片镜检,能检出大量卵囊,即可确诊。

【防　治】　加强饲养管理,及时清除粪便,经常更换垫料,并将清除物运往远离鹅场的下风向堆积发酵,杀灭球虫卵囊。饲养场地要保持清洁、高燥,不在低洼、潮湿及被球虫污染地带放牧。

药物防治:①球痢灵(二硝苯甲酰胺)以 125 毫克/千克饲料拌匀于饲料中,加喂 3～5 天。②磺胺二甲基嘧啶,内服,每千克体重 0.07～0.1 克,日喂 2 次;或用复方敌菌净,每千克体重 30 毫克,连用不超过 5 天。③马杜霉素,每升水加 2～2.5 毫克,每千克饲料加 5 毫克。

(八)鹅蛔虫病

【病　因】　本病是由于鹅吞食侵袭性蛔虫卵后引起的肠道寄生虫病。蛔虫主要寄生在鹅的小肠,其虫卵随粪便排出体外,在适宜的环境中发育成带有侵袭性的虫卵,侵袭性蛔虫卵污染饲料和饮水,成为传播本病的主要途径。

【症　状】　以 3～9 日龄雏鹅最易感,随日龄的增大,感染性逐渐下降。病鹅表现厌食,生长发育不良,消瘦,行动迟缓或呆立;羽毛粗乱,两翅下垂,冠髯及颜面苍白;腹泻和便秘交替出现,严重的在粪便中可见虫体,镜检可见有大量的蛔虫卵。病的后期出现肌肉震颤、衰竭而死。剖检可见鹅营养不良、消瘦、黏膜苍白,小肠前、中段肠管增粗,剪开肠壁,即有蛔虫虫体出现,严重者可见肠管内有大量的虫体堵塞肠腔。肠黏膜肿胀出血、溃疡。

【诊　断】　根据临床症状、病理变化和剖检后小肠内的虫体进行综合判断。

【防　治】　注意做好饮饲用具的清洁卫生,粪便清理后堆积发酵,做好圈舍定期消毒工作。加强饲养管理,饲料中注意维生素 A 和 B 族维生素的添加,以提高鹅的抵抗力。每年秋季定期驱虫 1 次,每千克体重喂服盐酸左旋咪唑 25 毫克,隔 10～15 天再服 1 次。也可采用哌嗪化合物、噻苯达唑或氨苯咪唑,按说明投喂。

五、普 通 病

(一)维生素 A 缺乏症

【病　因】　饲料中缺乏维生素 A 或胡萝卜素。植物性饲料以青绿饲料、胡萝卜、南瓜、黄玉米等富含胡萝卜素,而糠麸、饼粕类含量较少,但长期饲喂含维生素 A 及胡萝卜素少的饲料时,易发生本病。动物性饲料一般富含维生素 A。消化道及肝脏疾病影响维生素 A 的吸收。胡萝卜素在动物体内转化成维生素 A,因此也称维生素 A 原。饲料加工不当,贮存时间过长使维生素 A 和胡萝卜素损失较多,导致维生素 A 缺乏。如玉米贮存超过 6 个月,60％维生素 A 被破坏。颗粒饲料加工过程可使胡萝卜素损失达32％以上。

【症　状】　幼鹅缺乏维生素 A 时,表现生长停滞,消瘦衰弱,步态不稳,喙和脚蹼颜色变淡。特征性症状是眼睛肿胀,眼内充满水样或乳样渗出物,并从眼内流出,眼睑粘连,重者眼内有大块干酪样物,眼球下陷、失明。病后期可有神经症状、运动失调。成年鹅缺乏维生素 A 表现为产蛋率、受精率、孵化率降低,眼、鼻分泌物增多,黏膜脱落坏死等症状。病变可见消化道黏膜、尤其是咽和食管部出现白色坏死病灶,不易剥离,有的呈假膜状覆盖;呼吸道黏膜及其腺体萎缩变性,由一层角质化的复层鳞状上皮代替;眼睑粘连,内有干酪样渗出物;肾肿大,色淡,因尿酸盐沉积呈花斑状。

【诊　断】　根据特征性症状和病变以及饲料中维生素 A 的调查,可以作出初步诊断。必要时,检测饲料或血清、肝脏中的维生素 A 的含量。

【防　治】 注意保证饲料中维生素 A 或胡萝卜素的含量,多喂胡萝卜、苜蓿草、动物肝粉等饲料;或在饲料中加入维生素 A 不低于 4 000 单位/千克饲料。注意饲料不贮存过久,防止发霉、酸败。治疗上可按 8 000~16 000 单位/千克饲料,混料喂服,连用 2 周;对成年重症鸭可口服浓缩鱼肝油丸,每日 1 粒/只,连用数日。已经出现失明等严重症状的病鹅是无法治愈的。

(二)维生素 D 缺乏症

【病　因】 因日粮中维生素 D 缺乏或光照不足等引起的一种钙、磷代谢障碍性疾病。

【症　状】 雏鹅严重缺乏维生素 D 时,表现生长发育不良,两腿无力,步态不稳,跛行,常以跗关节着地,喙色淡、变软、易扭曲,关节肿大,趾骨粗短,骨质疏松,易断,胸骨弯曲,中部凹陷。部分鹅因行动困难,饥饿而死亡。产蛋母鹅缺乏维生素 D 时,一般在开产不久即出现症状,开始产软皮蛋、薄壳蛋,随后产蛋量、孵化率降低,最后产蛋完全停止。种蛋孵化早期胚胎死亡增多、胚胎四肢弯曲、腿短,多数死于胚皮下水肿,肾脏肿大。雏鹅出现佝偻病的症状:骨骼变形,喙、爪、龙骨变软,肋骨与胸骨、椎骨结合处内陷,呈内向弧形。后期长骨易折,关节肿大,两腿无力,呈现蹲坐姿势。剖检可见幼鹅甲状旁腺增大,胸骨变软呈"S"状弯曲,骨髓腔增大,关节肿大,肋骨与肋软骨的结合部出现明显的球形肿大,排列成"串珠"状。

【诊　断】 根据饲养调查、骨骼发育不良的典型症状和病理变化,作出初步诊断。血液中钙、磷的测定有助于确诊。在诊断本病时,应注意与锰、维生素 B_1、维生素 B_2 缺乏症相区别。

【防　治】 产蛋母鹅和雏鹅日粮补充维生素 D,可预防本病的发生。禾本科子实饲料及其副产品、根茎饲料、动物性饲料和生长牧草中维生素 D 含量极少,鱼肝油、晒制的青干草、酵母等富含维生素 D,也可添加维生素 D 制剂。雏鹅每千克饲料中添加 3 200 单位维生素 D,产蛋鹅日粮添加 3 500 单位。对病雏一次投给 1 500 单位的维生素 D_3,有很好的治疗效果。配好的饲料不宜久存,久存饲料脂肪易酸败,又有微量元素的情况下,维生素 D_3 易被破坏。

(三)维生素 E 缺乏症

【病　因】　日粮中缺乏维生素 E 和微量元素硒;饲料潮湿、发霉变质或保存时间过长。

【症　状】　2～3 周龄的病雏,出现白肌病,表现为全身衰弱,无力站立,运动失调,甚至脚趾向内行走或爬行,跌倒仰卧时不能自行翻身,最后衰竭而死。剖检病雏尸体,可见全身肌肉尤其是胸肌、腿部肌肉,甚至肌胃的平滑肌均发生变性和坏死,肌肉色泽苍白,出现灰白色条纹。

【诊　断】　根据症状和剖检肌肉变化综合诊断。

【防　治】　饲料最好现配现喂;避免饲料受潮、发热,以防维生素 E 被破坏。每千克饲料中维生素 E 的含量不可低于 5～10 单位。治疗时可在日粮中加维生素 E、硒粉或禽用多维素,剂量和用法参见产品说明书。初次使用剂量加倍。

(四)佝 偻 病

【病　因】　是由于维生素 D 缺乏引起体内钙、磷代谢紊乱,而使骨骼钙化不良的一种疾病。

【症　状】　病初表现生长迟缓,走路不稳,步态僵硬,常常蹲卧。长骨头端增粗,骨质疏松,尤以跗关节最严重。鹅喙变软,易扭曲变形,采食困难。成年母鹅,产蛋量减少,蛋壳变薄易碎,常有软壳蛋和无壳蛋,严重时造成瘫痪。

【诊　断】　根据发病日龄、症状和病理变化可以怀疑本病。分析饲料成分,计算饲料中的钙、磷和维生素 D 的含量,发现其缺乏或不平衡,证实本病的存在。

【防　治】　如果日粮中缺钙,应补充贝壳粉、石粉,缺磷时应补充磷酸氢钙。调整钙、磷比例。如果已出现维生素 D_3 缺乏症状,应给以 3 倍于平时剂量的维生素 D_3,2～3 周后恢复到正常剂量。

(五)翻 翅 病

【病　因】　由于鹅日粮中精饲料比例过大,矿物质不足,特别是钙质严重缺乏,钙、磷比例失调引起的一种疾病。

【症　状】　病鹅双翅或单翅外翻,影响商品鹅的外观,也影响母鹅自然抱孵。据对雁鹅的观察,翻翅出现的时间是 50～80 日龄,处于中雏阶段,是翅膀迅速生长期,如有病因存在,容易造成翅关节的移位,形成翻翅。

【诊　断】　根据症状进行诊断。

【防　治】　在易发病阶段,要注意饲料中各种营养成分的合理供给,尤其是钙、磷(钙 0.8%～1.2%,磷 0.4%)。加强运动和放牧,多照日光也有利于预防本病。发现翻翅的患病鹅,应及早用绷带按正常位置固定,并适当增加饲料中钙、磷等矿物质的含量。

(六)阴茎脱垂

鹅阴茎脱垂,俗称"掉鞭",是种公鹅的常见疾病。常因外伤脱垂后不能回缩到泄殖腔、发生炎症或溃疡,从而被淘汰。

【病　因】　公鹅在配种时,阴茎被其他公鹅啄咬,而受伤出血、肿胀,不能回缩;交配时,阴茎落地,被粪便、泥沙等杂物污染,而回缩困难;在水中交配时,因水质污浊,阴茎被细菌感染发炎,或被鱼类等咬伤;在寒冷天气配种时,因阴茎伸出时间过长而冻伤;

公鹅阳痿或因过老而性欲降低;公、母鹅比例不当,公鹅过多或过少,长期滥配;母鹅产蛋前,公鹅未提早补充精料,营养不良,体质较差,性欲降低;患大肠杆菌病的公鹅也会发生"掉鞭";光照强度过大或时间过长,造成性早熟,也会造成阴茎脱出。

【症　状】　受损伤的阴茎患部呈红色或有血液渗出;若发炎,则患部肿胀、潮红,甚至化脓,阴茎露出后不能回缩;交配频繁者,阴茎垂露,呈苍白色。

【诊　断】　根据病鹅的阴茎脱出、发炎等症状一般可作出诊断。

【防　治】　加强饲养管理,保持公鹅良好的体况。在母鹅产蛋前15天对种公鹅补充精饲料。公、母鹅比例适当,一般应为1∶4~5。对当年的青年种公鹅,实施科学的光照制度,防止性早熟,并在种公鹅达到体成熟后,进行配种或人工授精。池塘水质应保持清洁、无污染。搞好环境卫生,定期对鹅舍、食槽、水槽等设备进行消毒。当阴茎受伤较轻而能回缩时,应及时将病鹅隔离治疗,用0.1%的高锰酸钾溶液清洗,涂以磺胺软膏或红霉素软膏,并协助受伤的阴茎收回。阴茎已经发炎或症状较重者,应同时施用抗生素或磺胺类药物,并每天用37℃、0.1%高锰酸钾溶液清洗1次。对患大肠杆菌病而致阴茎上有结节者,有种用价值的,应手术切除,并加强术后护理。对阳痿和阴茎红肿、无种用价值的公鹅予以淘汰。

(七)有机磷农药中毒

【病　因】　有机磷农药,如对硫磷、敌百虫、敌敌畏、乐果等20余种,都有剧毒,鹅因误食了施用农药的蔬菜、谷物和牧草,或被这类农药污染的饮水而发生中毒。此外,也会因使用这类农药驱除体外寄生虫不当而发生中毒。

【症　状】　最急性中毒的鹅往往无任何症状而突然死亡。多数中毒鹅表现为停食，精神不安，肌肉震颤，痉挛，运动失调，流泪，腹泻，泄殖腔急剧收缩，呼吸困难，摇头，两脚发软，站立不稳，瞳孔缩小，体温下降，最后因抽搐、昏迷而死。剖检时胃肠中有浓厚的大蒜气味、肺充血、水肿，支气管中有大量带泡沫的分泌物，肝脏、脾脏肿大、充血、出血，胸水及腹水增加，有的呈淡红色，胃肠黏膜出血、脱落，有溃疡灶。

【诊　断】　根据放养及喂食情况，结合临床表现可初步诊断，进一步确诊可采取胃内容物和剩余饲料送实验室检查。

【防　治】　对于本病，以预防为主。避免鹅群与农药接触，对刚喷洒过农药的农田、池塘、菜地，禁止放牧或割草喂鹅，有农药的鹅场要注意贮存和使用，不要用敌百虫作鹅的内服驱虫药。

中毒初期，可用手术法切开皮肤，钝性分离食管膨大部，纵向切2～3厘米，将其中毒性内容物掏出或挤出，用生理盐水冲洗后缝合。然后静脉注射或肌内注射解磷定，成鹅每只0.2～0.5毫升，并配合使用阿托品，成鹅每只肌内或皮下注射1～2毫升，20分钟后再注射1毫升，以后每30分钟服阿托品1片，连服2～3次，提供充足饮水。如是雏鹅，则依体重情况适当减量，体重0.5～1.0千克，内服阿托品1片，15分钟后再服1片，以后每30分钟服半片，连服2～3次。同时，配合采取50％葡萄糖注射液20毫升腹腔注射、维生素C注射液0.2克肌内注射，每日2次，连续7天；成年鹅每千克体重10～15毫克碘解磷定，临用时用蒸馏水稀释，缓慢静脉注射，必要时2小时后重复注射1次。中毒深者可配合使用阿托品，效果更好。本品不能和碱性药品同时使用，否则易水解为氰化物，有毒性，对敌敌畏、敌百虫、乐果的解毒效果较差。氯磷定为白色粉末，溶于水，使用剂量和注意事项同解磷定。

(八)磺胺类药物中毒

【病　因】　出于对磺胺类药物的剂量不了解或计算错误或急

于求成而一次用大剂量或服药时间较长(超过7天)用磺胺药拌料时搅拌不均匀;幼鹅饲料含磺胺嘧啶0.75%～1.5%或口服0.5克磺胺类药物即可出现中毒现象;日粮中缺乏维生素K或体弱的鹅只更易发生中毒。

【症　状】　急性中毒表现为沉郁或兴奋,拒食,腹泻,痉挛,麻痹,共济失调,肌肉颤抖,惊厥;眼结膜苍白、黄染,呼吸加快,短时间内死亡。慢性中毒表现为鹅冠苍白,食欲减退,饮欲增加,头部肿大,呈蓝色,翅下有皮疹,时而便秘,时而腹泻,粪便呈酱色。产蛋鹅产蛋急剧下降,蛋壳破损率升高,蛋壳表面粗糙,色泽变淡。剖检后,皮下、胸肌和内脏呈斑状出血。肝肿大,色变黄,表面有出血点和坏死灶。肾肿大,呈土黄色,有出血斑。输尿管变粗,内充满白色尿酸盐,腺胃黏膜、肌胃角质下及小肠黏膜也常有出血。生长鹅骨髓由正常的深红色变为粉红色(轻症)或黄色(重症)。脑膜充血、水肿。心肌有刷状出血和灰色结节区。

【诊　断】　根据放养及采食情况,结合临床症状可初步诊断,进一步确诊可采取胃内容物和剩余饲料送实验室检查。

【防　治】

预防:①使用药物预防时,剂量要准确。拌料要均匀,用药时间不得超过3～5天。用药期间应供应充足的饮水。②投药期间,应在日粮中补充0.05%的维生素K_3、维生素B_1,剂量为正常量的10～20倍。③20天以下或产蛋母鹅应尽量不使用磺胺类药物。④如有必要使用磺胺类药物时,其剂量是按每千克体重口服0.05～0.1克,或肌内注射0.07克。首次量加倍,每天2次,连用不超过7天,一般3～5天。在使用磺胺类药物时,应在饮水中添加0.5%碳酸氢钠,以减轻其副作用。

治疗:①鹅群一旦发生中毒,应立即停止用药,给予充足的饮水。②用1%～5%碳酸氢钠(小苏打)溶液代替饮水。同时,可添加适量的维生素C和维生素K_3、5%葡萄糖溶液。③饮用车前草和甘草糖水,以促使药物从肾脏排出。④在每千克饲料中补给0.2克维生素C、5毫克维生素 K₃ 及适量复合维生素或多种维生素。严重病例可口服 25~50 毫克维生素 C,或肌内注射 50 毫克维生素 C 注射液。